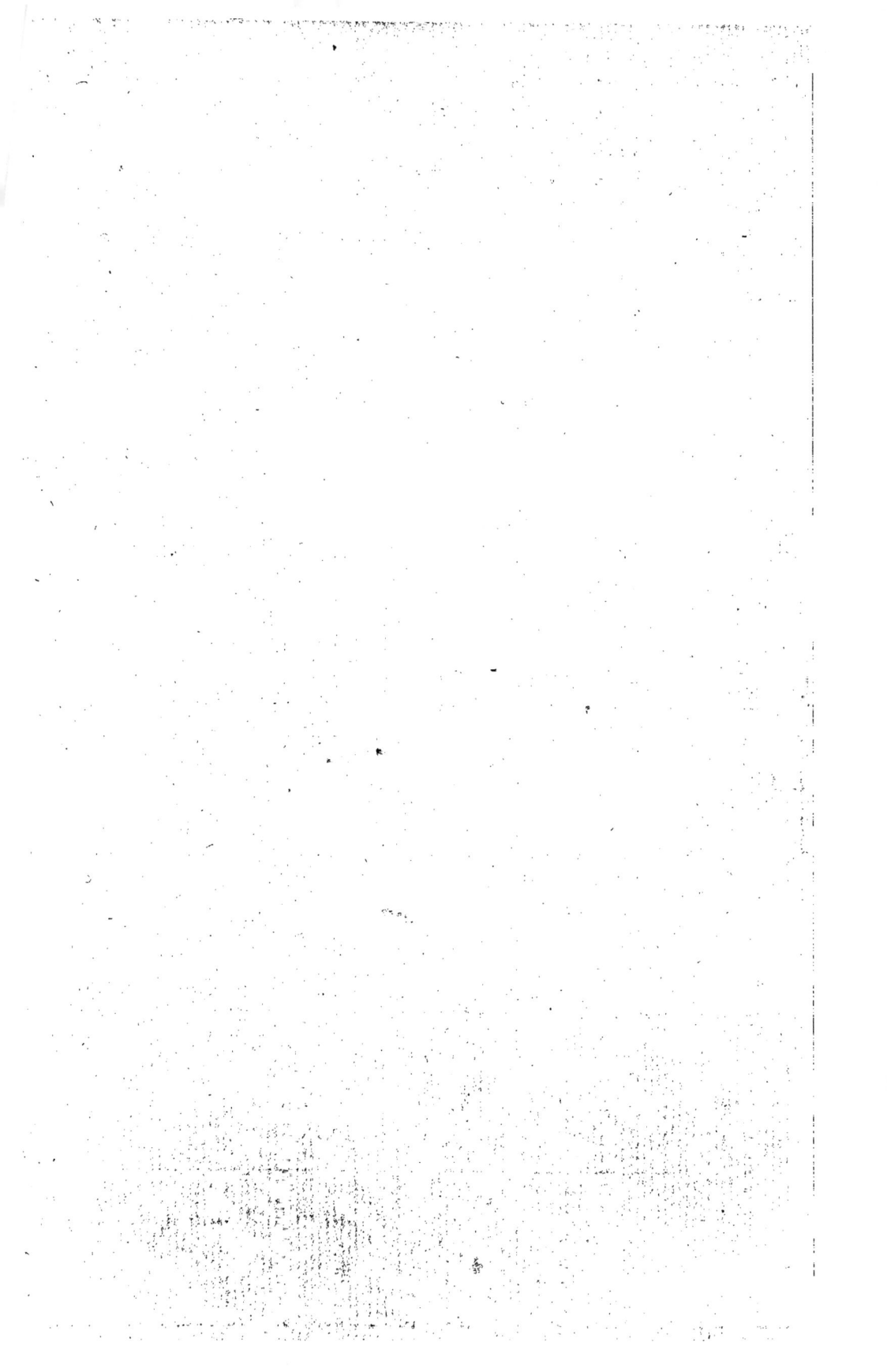

DE LA REPRODUCTION

DES

ANIMAUX INFUSOIRES

(ÉTUDE MÉDICO-ZOOLOGIQUE)

PAR

LE Dʳ LÉON MARCHAND

Aide d'histoire naturelle à la Faculté de Médecine de Paris
Agrégé à l'École supérieure de pharmacie de Paris

———————

PARIS

F. SAVY, ÉDITEUR

RUE HAUTEFEUILLE, 24

1869

OUVRAGES DU MÊME AUTEUR.

Recherches botaniques et thérapeutiques sur le Croton Tiglium. (Thèse de la Faculté de Médecine. Paris, 361, in-4°, avec 2 planches.)

Sur des Fleurs monstrueuses d'Epimedium Musschianum (*Adansonia*, mai 1864).

Monstruosités végétales, premier fascicule, avec une planche gravée (*Adansonia*, juin 1864).

Recherches organographiques et organogéniques sur le Coffea arabica L. (Thèse de l'École supérieure de pharmacie de Paris.) Paris, 1864, in-8°, avec 4 planches gravées.

Des Tiges des Phanérogames. (Des points d'organisation communs aux types des Monocotylédones et des Dicotylédones.) Paris, in-8°, 3 planches.

Sur l'origine, la provenance et la production de la Myrrhe (*Balsamodendron Myrrha* NÉES). *Adansonia*, VII, 1867. Paris, une planche en couleur.

Observations sur les genres *Protium et Protionopsis*. *Adansonia*, VII, 1867, Paris.

Observations sur les genres *Garuga et Thyrsodium*. *Adansonia*, VII, 1867, Paris.

Des Classifications et des Méthodes en botanique. Mémoire présenté à la Linnéenne de Maine-et-Loire. 1867.

Des recherches sur l'Organisation des Burséracées. Thèse pour le doctorat ès sciences naturelles. 1868. Paris, 6 planches en couleur.

Histoire de l'ancien groupe des Térébinthacées, 1869. Paris.

Énumération des substances fournies à la Médecine et à la Pharmacie par l'ancien groupe des Térébinthacées, 1869. Paris.

Révision du Groupe des Anacardiacées. Thèse pour l'agrégation à l'École supérieure de pharmacie. Paris, 1869.

Articles ABSINTHE, ACONIT, AGARIC, ALOÈS, AMANDES, AMIDON, ANGÉLIQUE, ANGUSTURE, ANIS VERT, ARI-TOLOCHES, ARMOISE, ARNICA, ASPERGE, BISTORTE, BOUILLON BLANC, BOURRACHE, BUSSEROLE, CACAO, CACHOU, CAFÉ, CAÏNCA, CANNE LE PROVENCE, CANNELLE, CAOUTCHOUC, CAROTTES, CASSE, CENTAURÉE, CHAMPIGNONS, CHÊNE, CIGUES, COCHLÉARIA, etc., du *Nouveau Dictionnaire de médecine et de chirurgie pratique,* illustré de figures intercalées dans le texte, publié sous la direction de M. le docteur JACCOUD. Paris, 1864-1867; tomes I à VIII.

A LA MÉMOIRE

DE

FÉLIX DUJARDIN.

« Le plus grand tourment qu'on puisse éprouver, dit Gœthe, est de ne pas être compris quand, après de grands efforts, on est arrivé enfin à se comprendre soi-même et à bien concevoir son sujet. On perd presque la tête d'entendre répéter l'erreur dont on est parvenu à se garantir, et rien n'affecte plus péniblement que de voir ce qui devrait nous unir aux hommes instruits et à grandes idées devenir la source d'une séparation à laquelle rien ne peut plus porter de remède. »

Son parent et son élève,
LÉON MARCHAND.

INTRODUCTION.

La recherche de la cause des maladies domine l'histoire de la Médecine ; aussi ne doit-on pas s'étonner de voir cette question posée depuis les temps les plus reculés. Après le Mysticisme qui n'expliquait rien, la doctrine la plus ancienne est celle qui soutient que la maladie est un *être* qui s'attaque à l'organisme et en entrave les fonctions. D'après elle, chaque maladie est une *entité*, et la Thérapeutique se réduit à chercher, dans l'arsenal des agents médicamenteux, le spécifique à opposer à cet agent perturbateur. Cette doctrine régna longtemps sans contestation, soutenue par Hippocrate, Galien, Dioscoride, les Arabes, etc.; mais l'*être* restait toujours hypothétique; aussi finit-on par chercher, ailleurs, la cause du mal. Glisson, Stahl et Hoffmann créèrent le vitalisme, et bientôt on en vit sortir Cullen avec la théorie du *spasme* et Brown avec celle de l'*irritabilité*. Pendant ce temps, quoiqu'Avenzoar au douzième siècle ait affirmé que la gale était produite par un petit animal « *si petit qu'on peut à peine le voir* », quoique chaque jour on ait pu constater la présence des Helminthes et autres entozoaires, on rejetait généralement l'idée de spécificité et celle d'entité morbide; Laënnec succombait sous les coups de Broussais. Mais un retour se préparait. L'emploi du microscope se généralisait, et chaque jour on découvrait, dans les organes malades, un *être* appartenant au Règne des *infiniment petits*, et qui, peut-être, expliquait, par sa présence, la maladie et semblait donner raison à l'opinion ancienne. La réaction fut violente ; et, de nos jours, on voit des animalcules partout ; on serait presque tenté d'adopter les idées de ce médecin anglais qui, en 1726, décrivait des animaux producteurs de la rougeole, du rhumatisme, de la goutte, de la pleurésie, de la jaunisse, du panaris, etc.

Ce sont les *Infusoires* qui sont le plus souvent accusés ; la question de leur reproduction est donc d'un haut intérêt médical. Car, s'ils sont véritablement la cause des maladies, il est urgent de savoir comment chez eux se fait la multiplication, afin de tenter d'entraver leur propagation, et, par ce moyen, l'apparition des phénomènes morbides auxquels ils donnent naissance.

Nous n'avons pas l'intention de faire l'histoire des Infusoires au point de vue de leurs rapports avec la pathologie ; cependant, pour les développements qui vont suivre, il nous faut tracer sommairement le cadre des maladies dans lesquelles on dit les avoir surpris.

Diarrhée. — Leuwenhoeck a, le premier, signalé l'existence de Vibrions dans la diarrhée ; depuis ils ont été retrouvés, par M. Davaine, dans les selles diarrhéiques d'un phthisique.

Dyssenterie. — M. Lebert (1845) semble l'attribuer à la production d'Infusoires.

Choléra. — Le *Vibrio rugula* a été observé dans les selles des cholériques, par M. Pouchet d'abord, en 1849, et depuis, en 1854, par MM. Rainey et Hassall. Ces deux derniers auteurs ne pensent pas, néanmoins, que cet Infusoire puisse être regardé comme la cause de cette maladie ; mais M. Davaine ne semble pas aussi convaincu que MM. Rainey et Hassall. Pour lui, il ne suit pas, de ce qu'on n'a su jusqu'ici les retrouver dans l'atmosphère, qu'ils ne puissent cependant agir dans cette affection ; car, s'ils ne se trouvent point dans l'atmosphère, enlevés par la vapeur d'eau, ils peuvent s'y rencontrer à l'état de poussière; il pense que les recherches récentes tendent à établir que le virus du choléra existe dans les matières riziformes.

Cystite chronique. M. Davaine.

Catarrhe vésical. Ordoñez.

Catarrhe pulmonaire. M. Pouchet constate la présence de Bactéries ou de Vibrions chez un homme atteint de cette maladie.

Coryza. Observation de M. Pouchet.

Otite chronique. Observation du même auteur.

Inflammation du sac lacrymal et *du conduit nasal.* M. Tigri.

Ulcères putrides et *pourriture d'hôpital.* M. Lebert y a signalé la présence « soit de très-grands Vibrions, soit d'Amibes. »

Ulcérations syphilitiques. M. Donné a indiqué en 1836, dans le pus des chancres, des Vibrions et, dans celui de la vaginite, des *Trichomonas.*

Blennorrhagie. M. Tigri a communiqué à l'Académie des Sciences, en 1866, une observation de blennorrhagie dans laquelle il avait vu « des Bactéries avec modifications morphologiques et vitales. »

Fièvre typhoïde. C'est encore à M. Tigri qu'on doit cette découverte. Il rapporte deux cas de fièvre typhoïde dans lesquels il put voir le sang se peupler d'Infusoires du genre *Bacterium.* MM. Coze et Feltz ont retrouvé l'Infusoire qui appartiendrait au *Bacterium catenula,* ils ont pu l'inoculer avec succès à des lapins.

Variole. MM. Coze et Feltz ont constaté eux aussi l'existence de Bactéries dans le sang de varioleux, et ont pu de même inoculer ces Infusoires à des lapins. Ces *Bacterium* seraient le *B. termo* et le *B. bacillus.*

Charbon et *Pustule maligne.* M. Davaine est le premier qui ait indiqué le *Bacteridium (Leptothrix buccalis* Ch. Rob.), comme étant la cause déterminante de ces affections. Il a suivi l'apparition et la propagation de ces Protorganismes et il a vu que c'était eux qui produisaient le *sang de rate* des moutons. Ses expériences l'ont porté à admettre que ces *Bacteridium* « sont les seuls agents du développement de la maladie charbonneuse. » Dans la maladie appelée Mal des *montagnes* on trouve les mêmes Infusoires (*Commission* 1868).

Fièvre typhoïde du Cheval. MM. Signol et Mégnin avaient rencontré des Bactéries dans le sang des chevaux atteints de cette maladie, mais c'est à M. Davaine qu'on doit d'avoir reconnu que cette Bactérie n'est rien autre que la Bactéridie du Charbon et du Mal des montagnes.

Enfin, il n'est personne qui ne connaisse les expériences de M. J. Lemaire [1] : expériences qui le portent à admettre que le corps de l'homme en santé fournit des miasmes nombreux. Il a pu les recueillir et il y a trouvé une grande quantité de Vibrioniens toujours plus nombreux dans les casemates, les casernes et, en général, dans les milieux confinés. Il en tire la conclusion de la nécessité de l'aération.

Cette énumération, qui est le résumé d'un paragraphe de l'article BACTÉRIE que M. Davaine a publié dans le *Dictionnaire encyclopédique des sciences médicales*, nous a semblé utile, car elle fait passer rapidement sous les yeux du lecteur le cadre des maladies dans lesquelles les Infusoires semblent jouer un rôle important. Or, ce qui nous frappe surtout c'est de voir y figurer toutes ou presque toutes les maladies contagieuses et épidémiques. Ce sont le choléra, la dyssenterie, la variole, le charbon, la pustule maligne, la fièvre typhoïde et la syphilis ; il faut y ajouter la rage. Nous savons bien que, pour certaines de ces maladies, la nature de l'Infusoire n'est pas parfaitement déterminée ; nous savons bien, par exemple, que pour M. Salisbury les protorganismes cause de la syphilis et de la blennorrhagie, ne sont pas des Vibrions mais bien des algues : le *Crypta syphilitica* et le *Crypta gonorrhæa* ; nous savons bien encore que M. Hallier a prétendu que le choléra a pour agent infectieux un *Micrococcus* ; mais

---

1. J. LEMAIRE, *Comptes rendus Acad. sc.*, LXV, 432, 637.

quand même cela serait vrai, la question ne s'en poserait pas moins avec toute sa gravité : Ces protorganismes se rattachent-ils bien à ces maladies infectieuses ; et, dans ce cas, n'aurait-on pas tous les éléments nécessaires pour expliquer leur contagion et leur propagation ? Les Virus ne seraient-ils pas tout simplement des organismes qui, dans un milieu favorable, se développeraient en parasites et entraveraient les fonctions ?

Mais alors deux grandes questions se trouveraient fatalement enchaînées à celle de la présence de ces êtres : 1° La maladie se développe-t-elle par leur action, sont-ils *cause* ; ou bien se développent-ils parce que la maladie existe, sont-ils *effet* ? 2° s'ils sont *cause*, comment expliquer leur transmission dans les maladies contagieuses et épidémiques ; s'ils sont *effet*, comment expliquer leur formation dans les liquides des organismes malades ? Dans les deux cas tout se réduit à déterminer les conditions de la genèse de ces Infusoires.

Cette question est loin d'être tranchée. Certains, en effet, veulent qu'il n'y ait jamais que *reproduction* d'organismes déjà existants ; d'autres veulent au contraire qu'il y ait *genèse* spontanée. Cette question est importante à élucider au point de vue médical ; car s'il est prouvé que la reproduction par germes est la seule admissible, il faudra montrer ces germes dans les milieux ambiants et les trouver en proportions assez considérables pour expliquer les faits ; il faudra même, pour mettre la proposition hors de toute contestation, prouver que la quantité des germes augmente ou diminue avec la gravité de l'épidémie. S'il est admis, au contraire, qu'il y a genèse spontanée, il faudra chercher les conditions de cette production d'Infusoires et établir le rapport qui doit exister entre leur apparition et ces mêmes conditions.

Au point de vue pratique, la question doit être élucidée ; car si la reproduction par germes et par suite la *contagion médiate* sont prouvées, tous les moyens thérapeutiques devront tendre à empêcher ces germes d'être apportés du dehors et l'on comprendra les précautions hygiéniques telles que : quarantaines, cordons sanitaires, etc. En second lieu, lorsqu'on n'aura pas réussi à les empêcher de s'introduire dans un lieu et de l'infecter, ce sera encore contre eux qu'on dirigera les agents médicamenteux, car l'important sera de les détruire. Mais si, par contre, il est prouvé que la genèse se fait par organisation de la matière organique ou inorganique dans les milieux favorables, et qu'ils ne sont que des effets de ces causes, alors le médecin devra changer son mode de défense. Il s'attachera à changer les milieux de production, à les rendre impropres à l'apparition du fléau, et, surtout, il se gardera bien de perdre un temps précieux à attaquer des germes illusoires et hypothétiques, ce serait donner à l'ennemi le temps de s'établir dans la place : le seul moyen à employer n'étant alors, qu'on me pardonne une expression triviale, peut-être, mais vraie, le seul moyen n'étant, dis-je, que de lui couper les vivres.

La question de la Reproduction des Infusoires intéresse donc au plus haut degré la Médecine. Après avoir démontré que les modes de multiplication admis de nos jours sont insuffisants pour expliquer les faits nous exposerons une théorie à laquelle conduisent les recherches physiologiques modernes et que justifient également les observations des hétérogénistes et des panspermistes regardées jusqu'ici comme contradictoires.

REPRODUCTION DES ANIMAUX INFUSOIRES.

CHAPITRE I.

LIMITES DU SUJET.

§ I. — QUE DOIT-ON ENTENDRE PAR CE MOT : REPRODUCTION ?

Les êtres organisés qui forment le domaine de l'Histoire naturelle apparaissent, vivent, meurent et disparaissent, mais ils sont sans cesse remplacés par des êtres semblables qui suivent les mêmes périodes et subissent les mêmes lois. En examinant des espaces de temps considérables, on trouve certes que plusieurs de ces êtres ont disparu de la surface de notre globe sans laisser de représentants, et l'on en voit bien d'autres qui chercheraient en vain leurs ancêtres dans les temps les plus reculés ; mais dans des limites restreintes, les faunes semblent ne subir aucun changement. Il y a, comme l'on dit, reproduction des espèces, et dans ce sens, le mot reproduction est synonyme du mot *succession*.

Cette succession est bien facile à constater pour les organismes supérieurs : deux êtres se réunissent pour donner, par leur rapprochement, naissance à un nouvel être semblable à eux ; l'un fournit le germe ou ovule mâle, l'autre le germe ou ovule femelle. La combinaison molécule à molécule, pour ainsi dire, de deux germes donne un nouvel individu. L'espèce est reproduite. Dans ce cas on dit qu'il y a : reproduction sexuelle.

Ce mode de reproduction se rencontre chez les animaux supérieurs et chez les plantes qui sont regardées comme les plus parfaites. Mais chez les animaux considérés comme inférieurs, et chez tous les végétaux, sans aucune exception, apparaît un autre mode de multiplication. Une partie du corps fait saillie à l'extérieur ; cette partie peut rester attachée à l'être point de départ, c'est la *gemme* ou le *bourgeon*, ou bien peut se séparer, c'est la *bulbille* ou *propagule*. Le bourgeon ou la propagule reproduit le parent. Il y a donc ici encore reproduction ; on la désigne sous le nom de *gemmiparité*, pour la distinguer de la reproduction sexuelle.

Dans ces mêmes êtres inférieurs existe encore une autre mode de multiplication. Le parent se divise en deux, et chaque partie donne un être semblable à celui qui s'est divisé c'est la reproduction par *fissiparité* ou *scissiparité*.

Enfin il est des auteurs qui admettent et soutiennent que la succession des êtres à la surface du globe se fait d'une autre manière. L'organisme se forme à l'aide de l'action des milieux sur la matière qui s'organise et vit. Dans son article *Reproduction*, M. Milne Edwards combat cette hypothèse. Il n'admet ni la formation agénétique, ni la formation nécrogénique, ni la formation xénogénique. D'autres auteurs au contraire, avec MM. Pouchet, Joly, Musset, Pennetier, etc., défendent ce mode de succession des organismes qui a pris le nom d'Hétérogénie.

Le mot reproduction, pris dans le sens de succession, a été dévié de son sens véritable. En réfléchissant, en effet, on voit qu'il n'y a aucune comparaison à établir entre la répétition d'un être ou d'un élément anatomique existant déjà, et l'apparition (si tant est qu'elle existe) d'un nouvel être ou d'un nouvel élément à l'aide des seules affinités de la matière qui compose les milieux. Le mot reproduction entraîne avec lui, non-seulement l'idée de succession, mais encore l'idée d'un phénomène actif par lequel un être ou bien un élément *existant déjà* donne naissance à un être ou à un élément semblable à lui, destiné, dans un temps plus ou moins éloigné, à le répéter comme forme et comme fonctions. Mais si un être ou un élément apparaît sans sortir d'un être ou d'un élément semblable, il y a production et non reproduction.

Il faut bien distinguer ces deux modes de naissance ou mieux d'apparition de l'être ou de l'élément organique :

1° La Genèse, Hétérogénie ou très-improprement Génération spontanée ou équivoque. — Dans ce cas il y a formation de toutes pièces d'un organisme avec les molécules des milieux ambiants.

2° La Reproduction. — Dans ce cas l'être ou l'élément est produit par un être ou un élément auquel il deviendra semblable. Pour les organismes supérieurs, les rapports entre l'être producteur et l'être produit sont faciles à saisir, mais la difficulté est fort grande quand il s'agit d'organismes aussi élémentaires que le sont les Amibes et les corpuscules organiques, qui sont réduits à l'état d'éléments anatomiques non figurés. L'identité entre le parent et le produit est impossible à établir. Aussi le mot reproduction, appliqué aux êtres microscopiques, est-il fort vague. Nous ferons cependant tout notre possible pour rester dans les limites posées par MM. Robin et Littré.

« Le premier mode de naissance reçoit particulièrement le nom de reproduction, d'où multiplication. Il est caractérisé par ce fait que des éléments déjà existants donnent directement naissance à d'autres éléments, qui sont identiques avec eux ou à peu près, aux dépens de leur propre substance. Ce sont, comme on le voit, des éléments déjà produits, déjà existants, qui en produisent d'autres, d'où le terme de reproduction. On l'observe dans l'ovule de tous les êtres, dans la plupart des plantes pendant toute la vie, et dans la période embryonnaire du développement animal.—La reproduction a lieu de trois manières : 1° par sillonnement, segmentation, fractionnement, fissiparité, scission ou cloisonnement; 2° par propagules ou bourgeonnement; 3° par gemmation ou surculation. »

§ II. — QUE DOIT-ON ENTENDRE PAR CE MOT : INFUSOIRES?

F. Ledermüller est le premier qui, en 1763, ait employé le nom d'*Infusoires*, pour désigner les formes animales qu'il observait dans des infusions de foin. Sous ce nom il rangeait tous les animalcules qui se développent dans les liquides en putréfaction et qui n'étaient autres que ceux que Leuwenhoek avait observés dans de l'eau stagnante. Ce nom fut employé dans le même sens par Wrisberg, Gleichen-Russworm. C'est O. F. Müller qui reconnut la parenté de ces formes, et jusqu'en 1786 ajouta un grand nombre de représentants nouveaux, découverts dans les eaux de la mer ou bien dans les eaux douces.

Depuis ce moment les naturalistes furent peu d'accord sur ce qu'on doit entendre par ce mot *Infusoires*. Les uns, en effet, comprennent sous ce nom tous les organismes qui peuvent se produire dans les infusions de matières animales ou végétales. D'autres trouvent cette acception trop étroite en ce sens que ces animalcules signalés dans les infusions artificielles se rencontrent dans les eaux de nos étangs, de nos lacs, de nos rivières, et en immense quantité dans celles de nos mers. D'autres étendent ce nom à tous les êtres microscopiques qui peuvent naître dans des foyers de décomposition à ciel ouvert, et encore à ceux qui peuvent se montrer dans l'intérieur des organes des êtres vivants, et s'établir chez eux comme parasites.

Ainsi compris, le champ d'études est extrêmement vaste et les *Microscopiques*, comme les appelle Bory de Saint-Vincent, sont de nature et d'organisation fort variées et fort variables. Aussi l'on sentit de bonne heure le besoin de les classer. On les sépara d'abord en deux groupes, dans l'un on mit les Infusoires *animaux*, dans l'autre les Infusoires *végétaux;* en discutant la valeur du mot animal, nous verrons jusqu'à quel point cette classification est arbitraire. Cette première séparation obtenue, on s'aperçut de grandes différences dans les types qui composaient le groupe des Infusoires animaux; l'on vit que, de ces êtres, les uns avaient une structure tout à fait rudimentaire, tandis que d'autres, au contraire, semblaient déjà élevés en organisation et se rapprochaient de types plus compliqués, appartenant à d'autres embranchements. C'est ainsi qu'on retira du groupe des Infusoires proprement dits, des êtres qu'on nomma *Rotifères* ou *Systolides*, et qui furent à cause de leur organisation rapprochés des Annelés. Ils n'avaient de commun que le milieu de production.

D'un autre côté on reconnaissait que ces prétendus Infusoires n'étaient que des états passagers d'êtres plus complexes; ainsi parmi eux se retrouvaient : les œufs ciliés des Spongiaires, des Coralliaires, des Médusaires, etc. Le nombre des vrais Infusoires se trouvait ainsi réduit considérablement. Il le fut encore plus quand on fut mis sur la voie de la découverte des générations alternantes et des états infusoriformes et polypiformes. Certains animaux vinrent alors réclamer les prétendus Infusoires comme étant quelqu'une de leurs métamorphoses. Combien d'Infusoires sont peut-être appelés à disparaître ainsi des cadres de la classification, quand on sera plus édifié sur certains phénomènes encore inconnus de de la génération alternante !

. Pendant que le nombre des Infusoires diminue ainsi de ce côté, l'analogie de constitution, de forme, de nature et de fonctions amène au milieu de ce groupe une nouvelle quantité d'organismes nouveaux. Ce ne sont plus des êtres qui sont apparus dans des infusions, à ciel ouvert ou sous les eaux plus ou moins stagnantes, ce sont des animalcules qui se sont développés dans l'intérieur des tissus vivants, ce sont des infusoires qui se sont installés comme parasites dans le corps des animaux accompagnant le développement de certaines maladies déterminées.

De nos jours, on fait en général des Infusoires la dernière classe du Règne animal ; elle comprend les *animalcules* qui se développent dans les infusions végétales ou animales. « Ils existent abondamment dans toutes les eaux douces d'étangs ou croupissantes du bord des lacs et des rivières, dans les eaux salées soumises aux mêmes conditions ; dans les liquides intestinaux ou autres, séjournant quelque temps ou s'altérant au sein du corps. Il n'est point vrai que toutes les eaux en renferment : les eaux courantes et de source, ou de pluies, non croupies, les eaux potables, en un mot, n'en contiennent pas, à moins qu'elles n'aient été abandonnées à elles-mêmes quelques jours sans mouvement à une température de $+5^0$ à 6^0. Ils naissent et se développent d'autant plus vite que les eaux renferment davantage de substance organique en suspension ou en dissolution. » (Robin et Littré.)

Les limites qu'on donne à ce groupe sont fort variables ; tous les auteurs sont loin d'être d'accord sur ce point de leur histoire. On le conçoit, car l'exiguïté, la mobilité de ces organismes ne permettent de saisir qu'imparfaitement leurs caractères. On ne peut donc se montrer exigeant en pareille circonstance, surtout si l'on veut songer que, bien souvent, pour les êtres dont tous les caractères sont parfaitement connus, les classificateurs sont loin de s'entendre et de se comprendre. Peu nous importe, au reste, ici pour l'étude que nous avons à faire. Nous ne voulons que donner un tableau sommaire qui puisse permettre au lecteur de retrouver ceux des Infusoires auxquels nous ferons allusion dans le reste de ce travail.

Tous les *Organismes* qui appartiennent à la classe des *Infusoires*, telle que nous l'adoptons ici, sont caractérisés par le petit volume de leur corps symétrique par rapport à un plan droit ou courbe. Quelques-uns relativement élevés en organisation renferment des organes sur la nature desquels on est peu d'accord. D'autres sont réduits à l'état d'*éléments anatomiques non figurés*. Le nombre des espèces de chacun de ces cinq ordres est fort nombreux. Les limites de la question ne nous permettent pas d'en donner l'énumération.

INFUSOIRES.

1er ORDRE.

Tégument contractile lâche, réticulé, granulé, cils en série, en moustache.
- Corps non fixé....
  - Bouche......... { Paraméciens. et Bursariens.
  - Pas de bouche.... Leucophriens.
- Corps fixé par un pédicule....... { Vorticelliens. Urcéolaires.

2e ORDRE.

Corps cilié, pas de téguments contractiles, animaux libres, nageants.
- Bouche avec cils en moustache....,... Trichodiens.
- Avec cirres en crochet............
  - bouches......... Kéroniens.
  - cuirasse résistante. Erviliens.
  - cuirasse molle.... Plœsconiens.

3e ORDRE.

Un ou deux filaments locomoteurs, mous, pas de bouche.
- Téguments.........
  - contractés....... Eugléniens.
  - soudés en polypier rameux....... Dinobriens.
  - soudés en masse commune..... Volvociens.
- Pas de téguments... Monadiens.

4e ORDRE.

Corps à expansions molles, contractiles, rentrant dans le corps et sans bouche. — (Rhizopodes).
- Expansions simples.. Actinophryens.
- A coquille en spirale perforée volumineuse......... { Rhizopodiens ou Foraminifères.
- A corps nu rampant de forme variable. Amibiens.

5e ORDRE.

Corps filiforme, pas de cils, ni expansions, ni bouche......... Vibrioniens.

§ III. — DE L'ANIMALITÉ DES INFUSOIRES.

Le groupe des Infusoires, constitué comme nous venons de l'exposer, ne contient-il que des Infusoires animaux et contient-il tous les Infusoires animaux ? Pour répondre nettement à cette question il faudrait posséder un caractère bien défini qui permît de séparer la plante de l'animal : or, ce criterium, dans l'état actuel de la science, n'existe pas, tout le monde est d'accord sur ce point, nous ajouterons qu'il est fort possible qu'on ne le trouve jamais. Nous chercherons, en effet, à démontrer dans un instant que si l'on n'a pas établi cette limite entre les deux règnes, c'est qu'elle est arbitraire et n'existe pas en réalité. C'est qu'au lieu d'avoir division, séparation, il y a unité; c'est qu'enfin ces deux termes, végétal et animal, ne sont que des modalités d'une même matière : le Sarcode de Dujardin.

Nous devons ainsi examiner quels sont ceux des Infusoires dont la position a été la plus controversée? Quels sont ceux qui pourraient avec autant de raison être placés dans un Règne ou dans l'autre?

Disons, tout d'abord, que nous n'avons pas l'intention de discuter les caractères donnés autrefois et admis comme délimitant l'animalité et la séparant de la végétation; tous ont été reconnus et déclarés insuffisants; en vain s'est-on retranché dans l'automotilité et dans le mode de respiration, tous ces caractères ont dû être abandonnés les uns après les autres.

Les êtres les plus curieux, à ce point de vue, sont peut-être les *Myxomycètes*. Leur embryon mobile, ainsi que l'a démontré M. Cienkouski, est un Amibe qui rampe, se déforme en tous sens et absorbe les corps étrangers pour s'en nourrir. Ils peuvent à cette époque ou se fusionner en un *plasmodium* commun qui entoure les corps qui leur servent de nourriture, ou rester isolés et s'enkyster comme des colpodes, ou enfin rester isolés et se développer comme des cellules. Mais bientôt l'enveloppe devient cellulosique et l'organisme se conduit alors comme une plante. C'est ce qui explique comment M. de Bary, après en avoir fait des animaux qu'il appelait *Mycétozoaires*, admet maintenant que ce sont des plantes voisines des champignons.

Les *Vibrioniens* admis par nous au nombre des Infusoires animaux sont rejetés de ce groupe par beaucoup d'auteurs. Dujardin lui-même les regardait comme des Infusoires anormaux : « Et d'abord il convient, je crois, de mettre à part comme appendice, les Vibrioniens, dont on n'a pu jusqu'à ce jour avec l'aide des meilleurs microscopes deviner la structure ou les moyens de locomotion…. On a essayé de les diviser en genres et en espèces, mais sans avoir véritablement des caractères suffisants pour pouvoir se prononcer sur leur nature animale ou végétale[1]. » Bien des auteurs, pour ne pas dire tous, sont restés dans le même embarras. On le fut bien plus encore le jour où l'on se vit obligé d'admettre dans ce groupe le genre *Bacteridium* qui à tout âge est immobile et qui, pourtant, ne peut être éloigné des *Bacterium* qui ont la même forme, la même organisation, et n'en diffèrent que parce que, suivant les circonstances de milieu, les moments de leur vie, ils sont mobiles ou immobiles. Le caractère de la motilité, au reste, n'est pas l'apanage exclusif de l'animalité.

Les Vibrioniens seraient-ils donc des végétaux ? M. Davaine le pense. Il s'exprime ainsi[2] : « Les Vibrioniens n'ont point d'organes de digestion, ni d'organes de locomotion; ils sont homogènes dans toute leur étendue; les deux extrémités, généralement semblables, n'ont aucun caractère particulier qui puisse y faire distinguer la tête ou la queue, et leur progression, qui se fait aussi bien et indifféremment par l'une ou par l'autre de ces extrémités, prouve qu'il n'y a point entre elles de distinction. En cela même les Vibrioniens se séparent nettement des animaux chez lesquels des segments isolés, des tronçons expérimentalement détachés, suivent toujours, dans leur progression, la direction que leur eût donnée la tête. Par ces différents caractères, les Vibrioniens se rapprochent des conferves filamenteuses; ils s'en rapprochent encore par leur composition chimique…. Reste donc, comme caractère distinctif des Vibrioniens, la faculté de locomotion; mais cette faculté se retrouve chez beaucoup de conferves : des Diato-

1. Dujardin. *Dict. univ. d'hist. nat.*, article *Infusoires*.
2. Davaine. *Dict. encycl. des sciences médicales*, article *Bactérie* et *Comp. rend. acad. des sciences.* 10 oct. 1864.

mées possèdent, comme les Bactéries, un mouvement oscil-
lant; des Oscillaires, et en particulier des Sulfuraires ont,
comme les Vibrions, un mouvement ondulatoire; et le mouvement circulaire si remarquable des *Spirillum* se retrouve
dans les conferves du genre *Spirulina* (Küntzing) qui constitue de longues hélices. Enfin, chez toutes ces conferves,
comme chez les Vibrioniens, la progression a lieu indifféremment et souvent alternativement par l'une ou par l'autre
des extrémités. »

Cette opinion de M. Davaine a été partagée depuis par
plusieurs auteurs, entre autres par M. Rabenhorst qui classe
les Vibrioniens parmi les Oscillariées [1]. De plus, M. Ch.
Robin a prouvé que le Vibrionien du *Sang de Rate*, c'est-à-
dire le *Bacteridium*, n'était rien autre chose que l'Algue
nommée par lui *Leptothrix buccalis* [2]. D'un autre côte les
Spirillum par la *Spirochœtes* se rapprochent complétement
des Oscillariées du genre *Spirulina* Küntzing.

Ainsi donc, voici pour ces auteurs tous les Vibrioniens ou
du moins un grand nombre d'entre eux rangés près des
Diatomées, des Oscillaires, etc. Devant l'autorité de tels savants on ne peut nier la liaison intime qu'il y a entre ces organismes divers et nous serions disposés à rejeter nos Vibrioniens dans le Règne végétal si des savants d'une valeur
scientifique tout aussi indiscutable n'avaient voulu faire de
ces mêmes Oscillaires, Diatomées, etc., des représentants du
Règne animal.

M. Ehrenberg considère les Desmidiacées et les Diatomées
comme des Infusoires polygastriques et les range dans les
Polygastrica anentera [3]. Focke considère les Diatomées
comme des animaux et reste dans le doute pour les Desmidiacées [4]. Malgré les travaux de Müller, de Nitzsch, de
Lynghye, de Turpin, de Bory de Saint-Vincent, la question

1. Rabenhorst. *Flora Europæa algarum.* 1865.
2. Robin. *Végétaux parasites chez l'homme et les animaux.* 1852.
3. Ehrenberg. *Organisations der Infusorien,* in Isin, 1834.
4. Focke. *Physiologische Studien,* Erstes Heft. Bremen 1847.

est loin d'être élucidée, et si Schleiden[1] affirme que les *Closterium* sont des animaux, MM. Morren, Smith, Nœgeli, Braun en font des végétaux.

Il en est de même des Volvocinées; tandis que les uns les placent dans la classe des Infusoires, les autres semblent d'accord pour en faire des Algues. Les *Euglena*, les *Protococcus* et bien des Dinobryons sont de même pour les uns, et M. Leuckart est du nombre[2], des plantes, tandis que beaucoup d'autres les conservent dans le Règne animal. M. Siebold rejette près des Algues les Infusoires flagellés de Dujardin et presque tous les Monadiens.

Les Oscillaires, qui ressemblent tant aux Conferves par leur aspect extérieur, ont eu aussi leurs vicissitudes. Vaucher les regarde comme « de véritables animalcules[3]. » Bory de Saint-Vincent n'admet pas cette opinion, mais, ne sachant où les placer, demande la création du Règne psychodiaire[4]. Agardh en fait un genre d'algue[5] et Kützing semble se ranger à cet avis[6], que partagent, ainsi que nous venons de le voir, MM. Davaine et Rabenhorst. Malgré cela on reste encore dans le doute, surtout lorsqu'on a lu le mémoire de M. Ch. Musset qui arrive à cette conclusion : « les Oscillaires doivent être probablement mises *à la fin de la classe des Annélides[7]*. »

Ainsi voici donc ces organismes inférieurs qui, pour les uns sont des végétaux inférieurs, des Algues, et qui tant à coup se trouvent reportés dans le Règne animal, non plus au milieu de ces organimes amoindris que nous avons appelés Infusoires, mais dans un groupe relativement élevé en organisation, et qui serait à l'embranchement des Annelés ce que l'Amphioxus est à celui des Vertébrés.

1. SCHLEIDEN. *Grundzüge der wissenschaftlichen Botanik.* Leypsig, 1849.
2. BERGMANN et LEUCKART. *Vergleichende Anat. und Phys.* Stuttgard. 1852.
3. VAUCHER. *Histoire des Conferves d'eau douce.* Genève, 1803.
4. BORY-SAINT-VINCENT. *Dict. class. hist. nat.*, II. 1826.
5. AGARDH. *Systema Algarum.*
6. KUTZING. *Phycologia generalis.*
7. CH. MUSSET. *Rech. anat. et phys. sur les Oscillaires.* 1862.

Jules Haime, ce jeune savant si rapidement enlevé à la science, dans un de ses derniers mémoires, prétend de même, après avoir retiré du groupe des Polygastriques d'Ehrenberg, les Colépiens, les Amibes, les Arcelles et les Rhizopodes et avoir rejeté dans les végétaux un grand nombre des types sur lesquels nous venons d'insister, prétend, disons-nous, qu'on obtiendrait un groupe qui ne rappelle en rien l'organisation des Radiaires, et où il est impossible de ne pas voir « l'expression la plus simple du type Mollusque[1]. »

Et si maintenant, avec Isid. Geoffroy Saint-Hilaire, on rejette la classification linéaire des êtres pour la disposition en séries, on comprend comment au bas de chaque série on puisse rencontrer ces êtres bizarres, commencement, ébauche de chaque groupe; n'étant ni animaux, ni végétaux, étant substance organisée; blastême général auquel empruntent plus ou moins médiatement tous les organismes et vers lequel ils retournent tous. On comprend comment, avec le Sarcode comme centre, on puisse avoir des séries multiples d'êtres organisés : l'une par les Amibes passerait aux Spongiaires, aux Polypiers, aux Acalèphes; l'autre par les Plœsconiens, les Péridiniens, les Euchéliniens, les Leucophres, les Paramécies, les Bursariens, les Vorticelliens passerait aux Mollusques; une troisième par les Oscillariées, les Holothuries (?) les Rotifères arriverait aux Annelés ; une quatrième débutant par les *Myxomycètes*, les *Protococcus*, les *Spirillum*, les *Bacterium*, les *Leptothrix*, les *Mérismopedia*, les *Cryptocoques*, conduirait vers les Algues et de là au groupe végétal; peut-être, enfin, trouverait-on des anneaux pour rattacher à ce centre l'*Amphioxus*, ce vertébré rudimentaire. C'est ce qu'avait entrevu Bory de Saint-Vincent quand il écrivait : « On trouve encore chez les microscopiques, non-seulement des ébauches où se reconnais-

1. J. Haime. *Obs. sur les métamorph. et l'org. de la Trichoda Lynceus. Ann. des Sc. nat. Zool.*, 3e sér., XIX.

sent les sources de diverses classes animales plus éle-
vées, mais encore celles de la végétation rudimentaire et
primitive.

Ainsi donc on voit pourquoi il est, dans l'état actuel de la
Science, impossible de bien fixer ce groupe des Infusoires auquel, suivant nous, on devrait conserver sa définition la plus
ancienne et en même temps la plus générale.

CHAPITRE II.

DES CONDITIONS ANATOMIQUES ET PHYSIOLOGIQUES DE LA REPRODUCTION PROPREMENT DITE.

De tout temps on a été frappé de la rapidité excessive avec laquelle se peuplait le liquide des infusions, de tout temps aussi on a essayé d'expliquer cette multiplication qui paraissait être sans exemple dans tout autre organisme. Les explications n'ont pas fait défaut, et au temps où les recherches microscopiques laissaient un vaste champ à l'imagination, on expliquait tous ces phénomènes par la *Genèse spontanée*. L'étude plus attentive et rendue plus facile par les perfectionnements apportés au microscope, a, peu à peu, amoindri l'importance de ce mode de propagation, pour substituer des faits aux hypothèses et pousser l'hétérogénie dans ses derniers retranchements. Les limites que nous avons tracées à ce travail, nous dispensent de rappeler la lutte des homogénistes et des hétérogénistes ; nous n'avons à rechercher ici que les phénomènes de reproduction qui ont été indiqués dans nos organismes inférieurs.

Des recherches anciennes et modernes, il résulte qu'on rencontre chez les animaux infusoires tous les modes de reproduction.

1° La Scissiparité, ou fissiparité,

2° La Gemmiparité,

3° La reproduction par Embryons internes,

4° La reproduction sexuelle.

Nous allons successivement passer en revue chacun de ces modes de multiplication ou de propagation, puis étudier dans des chapitres séparés l'anatomie des organes reproducteurs, le phénomène d'enkystement, les métamorphoses et les conditions de milieux qui favorisent la reproduction.

Les auteurs sont loin d'avoir été toujours d'accord sur l'organisation interne de tous nos Infusoires. En effet, si d'un côté l'on a admis, sans grande contestation, que les Amibiens n'étaient que des masses sarcodiques complétement nues, et d'un autre que les Vibrions n'étaient que cette même masse vivante limitée par une sorte de tégument anhyste, on a fort discuté la structure des Infusoires ciliés.

Dutrochet, en 1812, regarde ces êtres comme de simples masses muqueuses; cette opinion fut adoptée par les savants jusqu'en 1828, époque à laquelle M. Ehrenberg commença à déclarer que ces êtres étaient très-parfaits; de cette époque à 1838, il accumula observations sur observations pour prouver qu'ils possédaient tous les organes essentiels de l'organisation. M. Ehrenberg avait beaucoup étudié tous les animaux qui vivent dans les infusions, et avait décrit fort minutieusement les appareils divers de ceux que nous avons vu rejeter à la fin des Annélides sous le nom de Rotateurs ou Systolides. La communauté de vie de ces êtres avec les Infusoires porta sans doute M. Ehrenberg à admettre une communauté d'organisation; ce qui semble l'avoir porté à une exagération. Quoi qu'il en soit, voici à peu près ce qu'il dit des organes de la génération. D'abord il les déclare hermaphrodites; puis il avance que leurs organes femelles ou œufs sont de nombreux et très-petits granules nageant dans l'intérieur de leur corps, et que leur organes mâles sont représentés d'une part, par une vésicule contractile (pour lui vésicule séminale), et d'un corps glanduleux (testicule). Les œufs, suivant M. Ehrenberg, seraient fécondés par les semences, et expulsés périodiquement par l'anus. L'explication du phénomène de la reproduction est ainsi fort simple et très-séduisante[1].

Dujardin ne voulut cependant pas la partager; ses nombreuses observations lui démontrant trop souvent l'exagération dans laquelle M. Ehrenberg était tombé à propos de l'organisation générale des Infusoires; il n'admet ni testicules, ni bulbe contractile, ni œufs. Cependant il ne nie pas que, dans l'intérieur du sarcode, il puisse y avoir des corps pouvant reproduire l'animalcule. « Il ne serait pas impossible assurément que les particules organiques provenant de la décomposition des Infusoires, celles-là mêmes que, dans quelques espèces, M. Ehrenberg prend pour des œufs, pussent servir à la reproduction des Infusoires; mais ce ne seraient pas des œufs pourvus, comme on l'entend, d'une double enveloppe, d'un albumen, d'un vitellus et d'une vésicule germinative; ce seraient les plus simples des germes, ce que, peut-être, Spallanzani entendait nommer des *corpuscules préorganisés;* ce seraient ce que d'autres ont appelé des globules élémentaires; des molécules qui, ayant joui de la vie, sont susceptibles de recommencer, suivant l'expression de Müller, un cercle déjà parcouru. »

Et plus loin.... « S'il ne tenait pas beaucoup (Ehrenberg) à la signification de ces œufs d'Infusoires, on finirait peut-être par ne voir dans cette discussion qu'une querelle de mots. »

Ces corpuscules ne seraient-ils pas les *Blasties* de Perty?

En résumé, Dujardin n'admet pas d'organe de reproduction chez les Infusoires. MM. Fooke, Meyen, Kölliker, Cohn, etc., rejetèrent, eux aussi, les idées Ehrenbergiennes, sans toutefois partager complétement celles de Dujardin sur la simplicité d'organisation des Infusoires.

M. de Siébold, tout en prétendant que ces animalcules ne présentaient aucun organe distinct, les assimila à *une cellule;* ce sont pour lui des *animaux monocellulaires.* L'or-

---

1. Ehrenberg, *Die Geographische Verbreitung der Infusionstierchen*, 1828-1830.

gane, que M. Ehrenberg prenait pour un testicule, est le *Nucleus* de la cellule et rien autre chose; à côté, se voit parfois un globule plus petit, *Nucléole*.

Sur ces entrefaites, en 1849, M. Stein annonce avoir vu se former des embryons dans les corps des Acinétiniens, mais ne parle point de leur rapport avec les organes en discussion.

MM. Claparède et Lachmann développent l'idée émise par M. Stein, et arrivent à cette conclusion [1] : « Ces embryons sont toujours formés *par* ou *dans* l'organe connu sous le nom de *Nucléus*, organe qui est, par conséquent, un véritable *embryogène*. » Ils ajoutent plus loin : « Certains faits, observés durant le cours de l'année 1856, semblent permettre de supposer que, dans certaines circonstances du moins, des organes mâles apparaissent chez les Infusoires. »

J. Müller, Lieberkühn [2], observaient de leur côté la formation de corps bacculiformes dans le nucléus et dans le nucléole, et MM. Claparède et Lachmann annonçaient avoir vu une traînée de ces petits êtres contournant l'œsophage et semblant jouer un rôle dans la reproduction. En 1858, M. Balbiani fixe nettement le rôle du nucléus et du nucléole; il professe la génération sexuelle par accouplement. En 1859, tout en admettant l'hermaphrodisme des Infusoires, M. Stein nie que l'accouplement soit indispensable à leur propagation. Enfin, en 1860, M. Balbiani reprend la question et fixe définitivement l'opinion, sinon sur le rôle, du moins sur l'organisation de l'appareil sexuel des Infusoires.

Nous allons essayer de résumer ici les faits actuellement admis sur la forme et la nature des organes génitaux des Infusoires; dans les chapitres qui suivront nous verrons quelles sont leurs fonctions.

1° Ovaire, organe femelle, nucléus.

L'ovaire est celui des deux organes essentiels de la repro-

1. Claparède et Lachmann, *Ann. Sc. nat. Zool.*, 4, sér. VIII, 242, 243, 244.

2. Lieberkühn. Mémoire présenté à l'Acad. des sciences, 1858.

duction qui se retrouve avec le plus de fixité. Il peut, dans certains cas, à la suite d'une division fissipare, ou d'une ponte, être fort réduit, mais il se reconstitue bientôt, et apparaît avec sa forme normale, lorsqu'une nouvelle multiplication doit avoir lieu.

Cet organe varie de forme suivant les espèces. Tantôt il est ovale-arrondi, condensé, comme dans les Paramécies, les Glaucomes, les Nassules et quelques Bursaires. Tantôt, au contraire, il prend la forme d'un ruban allongé plus ou moins contourné dans l'intérieur du corps de l'Infusoire et placé en dehors de l'axe du corps, comme dans les *Vorticella*, les *Epistylis*, les *Carchesium*, les *Euplotes*, quelques Bursariens et Trachiliens. Enfin dans d'autres cas il peut être multiple, comme dans les *Stylonychia*, les *Oxytricha*, les *Urostyla*, les *Keroma* et les Stentors, les *Spirostemon*. Certains auteurs regardent chacune des portions de cet ovaire multiple comme des noyaux libres; mais M. Balbiani les décrit, au contraire, « comme des fractions d'un seul et même appareil réunis sous une enveloppe commune qui sert à établir la continuité entre tous ces éléments isolés ». Au reste, on doit regarder l'ovaire simple comme la forme typique, car dans son évolution il part toujours de cette forme, et dans certains cas (fissiparité), il la reprend avant de se partager.

Pour M. Balbiani, cet ovaire, qu'il soit simple, rubanné ou moniliforme, se compose d'une envèloppe et d'un contenu; l'enveloppe, qui parfois est assez difficile à apercevoir, est la membrane vitelline; le contenu granuleux est le vitellus au milieu duquel on aperçoit une vésicule qui est l'analogue de la vésicule germinative des ovules des animaux supérieurs.

2° Testicule, organe mâle, nucléole.

Moins apparent que l'organe femelle, le testicule n'a pas été vu par tous les auteurs. C'est un petit corps qui, dans sa composition et sa forme, a une grande analogie avec l'organe femelle. Il disparaît souvent en dehors des époques de reproduction et, comme l'ovaire, il peut être unique ou multiple. « Ces deux organes se présentent en général avec des caractères identiques dans une même espèce, c'est-à-dire que l'organe indivis est ordinairement accompagné d'un testicule indivis lui-même, et l'ovaire fragmenté d'une glande spermatogène composée aussi d'éléments distincts dont chacun correspond à un des éléments du premier organe. » (Balbiani). On doit admettre dans le cas de testicule multiple une membrane d'enveloppe retenant les différents éléments de la glande.

Les rapports des deux organes de la génération sont variables; tantôt assez éloignés, ils sont accolés dans certains cas et dans d'autres si pressés l'un contre l'autre, que le nucléus présente comme une logette, une dépression pour le recevoir, parfois même le nucléole y est complétement engagé. Dans tous les cas les deux organes conservent leurs membranes propres. D'un autre côté, leur position par rapport l'un à l'autre varie avec les espèces.

Le nucléole n'est pas, la plupart du temps, apparent avant l'âge où l'Infusoire peut se reproduire. Il se développe à peu près comme la glande femelle, et présente à peu près la même composition. C'est encore une petite sphère présentant une membrane enveloppante et un contenu granuleux. Quoique M. Balbiani n'ait pu voir, à son centre, de vésicule analogue à la vésicule germinative, il pense qu'on doit admettre que l'ovaire mâle a une constitution identique à celle de l'ovule femelle. Sa division, au reste, s'opère de la même façon.

3° Ouverture et canal sexuels.

M. Gegenbaur [1] a le premier appelé l'attention sur un orifice situé près de la bouche du *Trachelius ovum*. Cette ouverture est limitée par une sorte d'anneau contractile; de cet anneau partent, pour se diriger vers l'intérieur du corps, des plis qui limitent un canal. Autour de l'anneau est une couronne de cils infléchis. M. Ehrenberg regardait cet orifice

---

1. GEGENBAUR. *Bemerkungen über* Trachelius ovum (Müller's *Arch.*), 1857.

comme la bouche de l'animal, et son opinion a été partagée par presque tous les naturalistes qui sont venus après lui. M. Gegenbaur croit, au contraire, que c'est un canal qui sert à l'entrée de l'eau. C'est cet appareil que M. Balbiani regarde comme l'appareil excréteur des œufs. Il put voir dans un cas d'accouplement de *Trachelius ovum* la jonction des deux animaux se faire par cet orifice. Il put retrouver les mêmes faits dans plusieurs autres infusoires, entre autres dans le *Paramecium Aurelia*, et surtout le *Stentor cæruleus*, qui a sur le précédent l'avantage de laisser parfaitement voir l'orifice du canal sexuel. M. Balbiani est porté à regarder la présence de cet appareil comme un caractère général de la classe des Infusoires, par le fait de son existence dans des types appartenant aux formes des plus variées, telles que les Paraméciens, les Trachéliens, les Oxytrichines, les Bursariens, etc.

La considération de ces caractères sexuels porte M. Balbiani à diviser les Infusoires en trois groupes.

A. Espèces à ovaire ayant la forme d'une petite utricule arrondie en ovoïde, renfermant une masse vitelline indivise. — Testicule (lorsqu'il existe) offrant une apparence semblable. — On y trouve tous les vrais Paraméciens (Colpodes, Glaucomes, Paramécies, Cyclidies, Pleuromènes); des Trachéliens (Nassules, Chilodons, Holophres, Enchelys); — des Porodons; des Bursariens (*Plagiostoma*, *Balantidium*, *Leucophrys*, *Frontonia*, *Ophryoglena*), etc.

B. Espèces à ovaire allongé, cylindrique et tubuleux, diversement recourbé ou flexueux, renfermant une masse vitelline non fragmentée. — Testicule comme dans les espèces précédentes. On trouve, dans ce groupe, tous les Euplotiens, les Aspidisciens, la plupart des Vorticelliens et quelques types d'autres familles.

C. Espèces à ovaire allongé, droit ou flexueux, renfermant une masse vitelline divisée en deux ou un plus grand nombre de fragments distincts (ovaire bi ou multiloculaire). — Testi-

cule composé d'un nombre ordinairement égal d'éléments accompagnant les fragments vitellins. Plus rarement un seul
élément testiculaire. — Dans les Oxytrichines (*Oxytricha,
Stylonichya, Kerona* et *Urostyla*), — dans les Trachéliens
(*Amphileptus, Loxophyllum*).

§ I. — REPRODUCTION PAR FISSIPARITÉ.

Un organisme se divise soit longitudinalement soit transversalement pour donner naissance à deux jeunes qui se
complètent sur le point de déchirure. A. du Tremblay est le
premier qui ait décrit ce phénomène sur des *Stentor* et des
Epistylis. — Ce phénomène, si contraire à ce qu'on voit généralement se passer chez les animaux, fut admis surtout par
ceux qui croyaient à la nature végétale de la plupart des Infusoires, et par ceux qui restèrent persuadés de la simplicité
de composition de ces organismes. Néanmoins, on crut voir
dans ce phénomène, non pas une division d'un être en deux,
mais, bien au contraire, un accouplement de deux individus.
Beccaria soutint cette opinion, qui de nos jours paraît certes
moins hasardée ; il fut combattu par de Saussure (1785), et
l'opinion de de Saussure prévalut. Les idées d'Ehrenberg sur
l'organisation compliquée des Infusoires arrêta un instant les
physiologistes ; cependant, obligés d'opter entre ce mode de
production et l'oviparité ou la genèse spontanée, ils préférè-
rent admettre la fissiparité. Ce fut donc bientôt le seul mode
de production qu'on admit à l'exclusion de tous les autres.
Voici ce que dit Dujardin[1] à ce sujet : « Des différents modes de propagation qu'on peut admettre chez les Infusoires,
un seul est bien constaté, c'est la fissiparité ou la multiplication par division spontanée ; et encore il n'a pas été observé
dans tous les types de cette classe d'animaux. Les deux au-

[1] DUJARDIN. *Hist. natur. des Zoophytes :* Infusoires, 1841.

tres sont encore plus ou moins hypothétiques, c'est l'oviparité et la génération spontanée.

1° Dans le mode de *fissiparité transversale* on voit l'animalcule présenter, d'abord vers le milieu de sa longueur, un étranglement qui devient de plus en plus profond; bientôt entre les deux portions, le tissu étiré ressemble à une tige qui devient de plus en plus étroite et l'ensemble rappelle assez la forme d'un boulet ramé. Si l'animal observé est un Paramécien ou un Trichode, c'est-à-dire un Infusoire muni de cils et de bouche, on voit ceux-ci se montrer sur la partie antérieure du tronçon postérieur; la bouche elle-même se dessine. Plus tard, la tige de réunion se rompt, et l'on a ainsi deux moitiés qui se mettent à se mouvoir librement, d'abord arrondies, elles deviennent peu à peu ovales, allongées, et finissent par ressembler à l'animal qui leur a donné naissance.

J. Haime[1] a étudié la fissiparité chez l'*Oxytricha*. Voici comment il décrit le phénomène : « Quelques heures suffisent pour qu'un grand individu en forme deux complétement séparés. Sa grande cavité contractile commence par s'allonger, puis se partage en deux pour chacune des moitiés du corps ; une division semblable s'opère dans la fissure buccale, et les deux cellules allongées s'éloignent l'une de l'autre ; en sorte que, de chaque côté de l'étranglement médian, qui se prononce de plus en plus, se trouve bientôt un individu nouveau, ayant en propre une bouche. un espace contractile et une cellule allongée. Les soies frontales du parent sont toutes conservées par l'individu antérieur et ses caudales par le postérieur. Au bout de quelque temps, on voit naître, au point de jonction des deux nouveaux êtres, un large faisceau de soies, dont les unes appartiendront à l'extrémité postérieure du premier et les autres au bord antérieur du second. Les Oxytriques, pendant l'acte du sectionnement transverse, courent très-vite dans différentes directions et agitent leurs poils avec une grande rapidité. Chacun

1. J. HAIME. Métamorphoses du *Trychoda Lynceus*. Ann. sc. nat., 3, sér. XIX.

des individus ainsi constitués ne tarde pas à tirer en sens inverse; il contribue par là à rétrécir de plus en plus le lien commun et à amener enfin la séparation complète. » (Pl. 1, fig. 11-27.)

Nous verrons plus loin que les recherches de J. Haime l'ont amené à découvrir une évolution plus complète de cet animal qui ne serait qu'un état passager du *Trichoda Lynceus*.

Les *Euglena viridis* qui, d'après Cohn[1], seraient très-analogues aux *Protococcus*, se reproduisent par fissiparité. A un certain moment, elles deviennent immobiles, se roulent en boule, s'enkystent et se subdivisent en 2, 4, 8, 16, 32 par fissiparité. Les jeunes sortent du kyste munis d'un nucléus. Le *Diselmis viridis* de Dujardin, qui n'est autre que le *Chlamydomonas pulvisculus* d'Ehrenberg qui est lui-même le *Protococcus pluvialis*, se divise comme les *Euglena*, mais sans s'enkyster[2]. Au reste, il faut ajouter, et M. Perty l'a démontré, que les *Euglena* peuvent subir la fissiparité transversale sans s'enkyster[3]. Rapprochons des Protococcus les *Glœococcus* qui se multiplient de même[4].

Dans les *Volvox* que nous avons conservés parmi nos Infusoires, malgré les opinions de MM. Siebold, Cohn et Braun, qui en font des Algues, mais avec Ehrenberg, Dujardin et Stein, établissent leurs colonies par fissiparité. Dans l'intérieur du corps de ces animalcules se trouvent des sphères verdâtres que beaucoup d'observateurs ont regardées comme des embryons. « M. Ehrenberg, qui eut l'honneur de constater le premier que ces organismes sont des colonies d'individus, montra que chacun de ces soi-disant embryons est une jeune famille produite par la division spontanée et rapidement répétée d'un de ces individus. » Ajoutons que ces *Volvox*, ainsi que les autres organismes du même groupe, semblent avoir la reproduction sexuelle.

1. Cohn. *Beiträge zur Entwickelungsgeschichte der Infusorien*, etc., et *Microskopische Algen und Pilze*, 1853.
2. Dujardin. *Loc. cit.*, p. 330.
3. Perty. *Zur Kenntniss der kleinsten Lebensformen*, Berne, 1852.
4. Braun. *Ueber die Erscheinung der Verjüngung*, Leipzig, 1851.

Nous retrouvons la fissiparité dans les *Gonium*[1], les *Strephanosphæra*, les *Pediastrum*, les *Chlorogonium euchlorum*[2], les *Polytoma*[3].

Les Péridiniens se propagent aussi par scissiparité ainsi que M. Ehrenberg et, après lui, MM. Claparède et Lachmann l'ont constaté[4].

La fissiparité longitudinale semble être moins fréquente. Au reste, dans ce cas, elle s'opère d'une manière analogue. On admet que la division se fait d'arrière en avant, c'est-à-dire que c'est la partie antérieure du corps qui se sépare la dernière. On n'a jusqu'à ce jour constaté la fissiparité longitudinale que chez les Vorticellines. Plusieurs auteurs, entre autres M. le docteur Vigouroux, l'ont vue se produire fréquemment[5].

Peu satisfait du vague avec lequel la plupart des auteurs expliquaient le partage des organes intérieurs des Infusoires pendant la scissiparité, M. Balbiani rechercha comment les organes de la génération que nous avons étudiés plus haut pouvaient se partager entre les deux organismes nouveaux, résultant de la division de l'organisme primitif. Il arriva à découvrir les phénomènes suivants :

1° La division du nucléus ne précède pas toujours nécescessairement celle du corps de l'animalcule « et ne tient pas sous sa dépendance tous les autres phénomènes qui se rattachent à la division naturelle des Infusoires. » Née sous l'influence de la théorie cellulaire, mais fondée sur des analogies qu'une connaissance plus approfondie de l'organisation de ces êtres rend moins soutenables chaque jour, cette manière de voir est partagée par un grand nombre de personnes qui, sur l'autorité de quelques noms considérables dans la

---

1. Cohn. *Untersuchungen über die Entwickl. der mikroskop. Algen und Pilze.* 1853, p. 180.

2. Stein. *Die Infusionsthiere in ihrer Entwick. untersucht.*, Leipzig, 1854.

3. Weisse. *Bull. de la cl. de phys. mat. de St-Péters.*, VI, 20, 1848.

4. Claparède et Lachman. *Études sur les Infus. et les Rhiz.*, 69.

5. E. Vigouroux. *Quelques mots sur la génération équivoque des animaux infusoires.* Thès. doct. méd., Paris, 1861.

science, veulent ramener l'organisme tout entier des Proto-
zoaires à une simple cellule élémentaire. On ne peut nier
que cette section préalable du noyau ne s'observe effective-
ment dans certaines circonstances, lorsque la division se fait
à l'intérieur d'un kyste ; mais il s'en faut bien qu'on puisse
généraliser ce fait et l'étendre à la plupart des autres espèces
de cette classe. Des observations répétées un grand nombre
de fois, et qui, sous ce rapport, confirment pleinement celles
de MM. Claparède et Lachmann, m'ont convaincu, au contraire, que la constriction extérieure pouvait être plus ou
moins avancée et les deux nouveaux individus être munis
déjà de la plupart de leurs organes de nouvelle formation,
avant que le noyau lui-même commençât à présenter les
moindres indices d'un sectionnement.

2° Quand le nucléus est simple, ovoïde ou arrondi, on le
voit s'allonger, pénétrer dans les deux moitiés de l'animal et
se sectionner, lui-même, en même temps que le reste du
corps.

3° Si le nucléus est allongé, flexueux, plus ou moins recourbé, le noyau, par contraction, revient sur lui-même,
prend la forme oblongue comme dans le cas précédent, et
plonge aussi par chaque extrémité dans les deux moitiés de
l'animalcule en train de se fusionner. Dans le cas de section
transversale, le globule contracté présente son grand axe
suivant la direction antéro-postérieure ; dans le cas de fissiparité longitudinale le grand axe du globule se dirige transversalement (*Vorticellina.*)

4° Si le nucléus est multiple on observe des phénomènes plus curieux encore. Il y a des Infusoires qui possèdent deux de ces organes réunis par un cordon de jonction :
Stylonychia, etc.; dans ce cas le cordon de jonction se
contracte, les deux ovaires se pénètrent mutuellement, la
coalescence a lieu ; bientôt l'allongement se fait, comme
dans le cas précédent, et au moment où l'Infusoire s'est
divisé en deux, le nucléus s'est partagé de manière à donner à chaque moitié un nucléus spécial qui, par la suite,

reproduira un ovaire à deux globes comme celui du *parent*.

Chez le Stentor où l'ovaire multiple est moniliforme, omposé d'une série de grains en chapelet, il y a encore coalescence de tous ces grains en un globe unique et partagé par moitié entre les deux êtres qui proviennent de la scissiparité. Plus tard, chaque noyau devient moniliforme par suite d'étranglements successifs.

M. Balbiani indique encore une évolution analogue quoique plus compliquée chez le *Spirostomum ambiguum*.

5° Des phénomènes analogues se passent dans le cas où les nucléoles sont multiples. Dans le *Stylonychia mytilus*, M. Balbiani a constaté les faits suivants : il y a quatre nucléoles ou testicules accolés deux à deux à chacun des deux ovaires. Au moment de la coalescence de ces organes ils sont attirés vers le centre. Ils ne participent en rien à la fusion des deux globes, mais au moment où celui-ci s'étire au centre du corps, les quatre nucléoles s'étirent avec lui sur ses côtés, subissent certaines modifications intérieures, puis chacun se sépare en deux. Il résulte de cette division huit testicules. Par un mécanisme fort curieux un échange se fait entre les deux moitiés non encore séparées du *Stylonychia*, deux paires du groupe antérieur vont se rendre dans la moitié postérieure qui, à son tour, donne à la moitié antérieure deux de ses quatre testicules. Alors la fissiparité se termine et chaque animalcule s'en va muni de la moitié du nucléus et de deux demi-testicules de l'Infusoire primitif.

6° Donc la division des organes mâles et des organes femelles n'est pas opérée de la même façon dans les deux cas. « Pour les premiers la nature a eu recours au partage direct de chaque organe entre les deux êtres nouveaux; pour les seconds ce partage est toujours précédé d'un mélange intime de la substance de tous les corps reproducteurs femelles, et la répartition de ceux-ci ne s'opère que lorsque la masse commune, qui résulte de leur fusion, a subi une sorte de remaniement, je dirai presque de pétrissage qui a mis en contact toutes leurs molécules organiques. » (*Loc. cit.*, p. 84.)

La doctrine de la fissiparité ne satisfait plus tout le monde. En effet les uns, comme M. Pouchet, n'ayant jamais vu en vingt années de *Vorticella* se fissiariser, croient devoir expliquer ces prétendus sectionnements par des monstruosités ou par le parasiticisme, et cherchent l'explication de la multiplication des Infusoires dans la genèse spontanée; et les autres, comme M. Balbiani, la trouvent dans la reproduction sexuelle.

§ II. — REPRODUCTION PAR GEMMIPARITÉ.

C'est le mode de reproduction des Infusoires signalé pour la première fois par Spallanzani, et le moins connu. Il semble même être assez rare, car, jusqu'ici, on ne l'a rencontré que chez un nombre fort restreint d'individus et dans deux familles seulement : celle des Vorticelliens et celle des Acinétiniens, encore faut-il ajouter qu'on a souvent décrit comme *gemmes* beaucoup de corps qui n'étaient que des productions fortuites ou des parasites.

On a donné deux modes de gemmiparité. L'un, très-connu, est caractérisé par les phénomènes suivants : sur l'une des parois un mamelon sarcodique se produit, s'allonge, s'allonge encore ; à sa base se produit alors un sillon qui devient de plus en plus profond, l'excroissance se pédiculise, le pédicule s'étire de plus en plus et la séparation a lieu. Le mamelon forme un *germe* ou *propagule* qui flotte dans les eaux, se complète bientôt et produit un organisme en tout semblable au parent. — L'autre mode de gemmiparité a été vu et décrit par MM. Claparède et Lachmann. Au premier abord il semble ne différer en rien du précédent, ce n'est qu'en examinant de plus près qu'on voit que tout le bourgeon n'est pas à l'extérieur, il se prolonge au contraire à l'intérieur du corps du parent où il est logé comme dans une fossette, il s'énuclée plus tard laissant une cicatrice cupuliforme. Si MM. Lachmann et Claparède n'étaient pas ceux des savants qui ont le plus examiné la reproduction par embryons internes, on serait tenté de ne voir dans ce second mode autre chose que l'expulsion d'un de ces germes internes. Au reste, comme nous le dirons, tous les modes de reproduction ont de grands rapports les uns avec les autres.

§ III. — REPRODUCTION PAR VIVIPARITÉ.

La théorie de la reproduction par viviparité ou par embryons internes ne remonte qu'à quelques années. M. Siebold[1] a signalé, en 1835, le premier fait se rapportant à ce mode de génération. Mais ce fait se trouve perdu au milieu d'un mémoire sur les vers intestinaux ; l'auteur lui-même n'insiste pas sur sa découverte.

En 1844, un exemple semblable fut publié par Focke[2], qui avait constaté les mêmes phénomènes de reproduction sur le *Paramecium Bursaria*. En 1847, M. Eckhard[3], en 1849, M. O. Schmidt[4] publient des faits analogues sur le Stentor, et M. Cohn, sur l'*Urostyla grandis*[5].

Nous arrivons ainsi au mémoire de MM. Claparède et Lachmann (1858). Partis des observations que M. Stein[6] avait faites sur la reproduction des Vorticellines *par phases acinétiformes*, observations sur lesquelles nous insisterons dans quelques instants et dans lesquelles l'auteur affirmait avoir vu des embryons se former dans le corps des Acinétiniens, MM. Claparède et Lachmann furent amenés à étudier

1. Siébold. *Ueber einzellige Pflanzen und Thiere*, 1849.
2. Focke. *Amtlicher Bericht der Naturforscherversammelung zu Bremen*, 1844.
3. Eckhard. *Wiegmann's : Archiw für Naturgeschichte*, 1846.
4. O. Schmitt. *Froriep's Notizen*, 1849.
5. Cohn. *Von Siebold u. Kölliker ; Zeitzchr.* III, 277.
6. Claparède et Lachmann. *Études sur les Infusoires. Ann. sc. nat.*, 4e sér., Zool. 1858. Mémoire couronné par l'Académie des sciences.

la formation des germes internes sur un grand nombre d'Infusoires. La plus grande partie de leur travail fut consacrée à la réfutation des opinions de M. Stein, et ils arrivèrent à la conclusion que les Acinétiniens donnent, à leur intérieur, des germes ou embryons qui, après quelque temps, passent à l'état adulte et reproduisent en tout les formes de l'Infusoire dont ils sont sortis.

Les auteurs du mémoire ont vu la Reproduction par germes internes dans les Acinétiniens dont les noms suivent :

1° *Podophrya cyclopum* CLAP. et LACH.
2° *Podophrya Carchesii* CLAP. et LACH.
3° *Podophrya quadripartita* CLAP. et LACH.
4° *Podophrya pyrum* CLAP. et LACH.
5° *Podophrya cothurnata* CLAP. et LACH.
6° *Podophrya ferrum equinum* CLAP. et LACH.
7° *Podophrya Lyngbyi* CLAP. et LACH.
8° *Podophrya Trold* CLAP. et LACH.
9° *Acineta patula* CLAP. et LACH.
10° *Acineta cucullus* CLAP. et LACH.
11° *Ophryodendrum abietinum* CLAP. et LACH.

Dans tous, les phénomènes, à quelques variations de détail près, sont sensiblement les mêmes. Il est des cas dans lesquels il n'y a qu'un seul embryon de formé dans l'intérieur du parent, c'est ce qui arrive dans la *Podophrya quadripartita* ; dans d'autres, parfois le même *Podophrya quadripartita*, ces embryons sont fort nombreux.

Voici ce que MM. Claparède et Lachmann ont pu observer dans ces deux cas que nous prendrons pour types :

Dans la *Podophrya quadripartita* à germe unique, l'embryon se forme au-dessus du nucléus de l'animal parent. Cet embryon qui dans son plus grand diamètre est à peu près aussi long que le parent est large, se place transversalement dans son corps. L'embryon tourne rapidement autour de son axe, tandis que le corps du parent rétracte ses suçoirs et se contracte violemment sur lui. Peu à peu l'embryon est poussé vers la partie supérieure, soulève la paroi, fait une hernie légère d'abord, plus prononcée ensuite; la paroi se déchire dans une violente contraction et l'embryon est lancé au dehors. Alors il déploie les cils qui l'entourent et se met à nager rapidement dans les eaux. Dans un cas, MM. Claparède et Lachmann ont réussi à suivre le développement d'un jeune embryon et à le voir se transformer en un *Podophrya* semblable en tout au parent. Le jeune en nageant dans les eaux finit par rencontrer une tige d'*Epistylis plicatilis* et s'y fixe. Alors il entre en repos, allonge ses suçoirs, perd sa ceinture de cils, sécrète un pédicule et bientôt (après cinq heures dans l'observation rapportée) il est déjà complétement formé, il n'a plus qu'à s'accroître. — Pendant ce temps le parent épuisé par son laborieux enfantement referme sa plaie, se met à absorber à l'aide de ses suçoirs tous les aliments qui tombent à sa portée et refait un nouvel embryon. (Pl. II, fig. 1-8.)

Dans les cas d'embryons multiples soit du *Podophrya quadripartita*, soit de l'*Epistylis plicatilis* (Vorticellinien), les phénomènes sont à peu près les mêmes, si ce n'est que dans l'intérieur du corps du parent on trouve un grand nombre de tout petits germes qui s'échappent bientôt les uns après les autres par une ouverture ou plutôt une déchirure du corps du parent. (Pl. II, fig. 10, 11.)

MM. Claparède et Lachmann ont observé la formation d'embryons internes chez les Infusoires dont les noms suivent et qui n'appartiennent pas au groupe des Acinétiniens :

1° *Stentor polymorphus* EHRENB.

2° *Paramecium Aurelia* EHRENB.

3° *Paramecium Bursaria* FOCKE.

4° *Paramecium putrinum* CLAP. et LACH.

5° *Dicyema Muelleri* CLAP. et LACH.

6° *Urnula Epistylidis* CLAP. et LACH.

Il résulte de tous les travaux entrepris sur la question de la reproduction par germes internes que ce mode de multiplication a été reconnu dans un grand nombre d'Infusoires :

1° Infusoires suceurs (voir l'énumération, page 39).

2° Infusoires ciliés dans les groupes suivants :

Colpodéens : *Paramecium Aurelia ; P. Bursaria ; P. putrinum.*

Trachéliens : *Chilodon cucullus ; Nassula viridis.*

Bursariens : *Stentor polymorphus.*

Oxytrichieus (?) *Urostyla grandis.*

Vorticellines : *Epistylis plicatilis, Vorticella microstoma, V. nebulifera.*

Opalines : *Dicyema.*

3° Rhizopodes : *Urnula Epistylidis.*

MM. Claparède et Lachmann ont observé un rapport entre la reproduction par embryon interne et l'organe que nous connaissons sous le nom de nucléus qu'ils nomment *embryogène.* Aussi tout en regardant ce mode de reproduction comme une sorte de gemmiparité, sont-ils obligés de reconnaître que cette gemmiparité est d'un tout autre ordre. « La production d'embryons internes, disent-ils, est, au contraire, liée à un organe déterminé, le nucléus, organe que M. Ehrenberg, par un hasard singulier, avait déjà relié à la génération en le considérant comme une glande spermatogène, à côté de laquelle il voulait trouver, il est vrai, encore un ovaire. Ce nucléus est donc un *embryogène*, une espèce de glande génératrice. Si donc la production d'embryons internes est un phénomène tout asexuel, c'est, dans tous les cas, un mode de gemmiparité d'un tout autre ordre que la production de bourgeons externes. Il y a ici une localisation bien déterminée. Mais, ajoutent-ils, il est possible que ces embryons soient produits autrement que par simple gemmation, et voilà pourquoi nous avons préféré le nom général d'*embryon* à celui de *germe interne.* »

Les auteurs seraient bien tentés d'admettre une reproduction sexuelle, mais ils n'ont pas vu d'accouplement. Ils ont bien constaté, d'un côté, chez certains Infusoires, des corps particuliers liés à l'existence du *nucléolus;* d'un autre, le phénomène de la conjugaison ou zygose : cependant ils ne veulent pas, sans avoir plus de preuves, affirmer la reproduction par le concours de deux sexes différents. Ils ont vu néanmoins la conjugaison du *Podophrya pyrum*, c'est-à-dire la fusion des éléments de deux individus distincts donner naissance à huit embryons. Avant MM. Claparède et Lachmann, on avait déjà constaté la *Zygose* chez les *Actynophrys*, les Difflugies (?) les Acinétiniens, les Vorticelles, les *Carchesium* et les *Epistylis*, ce qui leur fait dire : « Il est permis de supposer que ce phénomène jouit d'une certaine généralité chez les Infusoires, mais il ne nous a pas été permis de découvrir avec certitude ses véritables relations avec la génération. » (Pl. II, fig. 9.)

§ IV. — REPRODUCTION SEXUELLE.

Les auteurs anciens parmi lesquels il faut citer Leuwenhoek [1], Baker [2], Joblot [3] et surtout O. Fréd. Müller [4], ont certainement vu l'accouplement des Infusoires, les figures qu'ils nous ont laissées ne permettent aucun doute à ce sujet. Cependant aucun d'eux ne songea à voir dans cet acte un phénomène d'accouplement sexuel. Les auteurs qui suivirent ne voulurent même, à cause des idées répandues, ne voir là qu'une des phases de la reproduction par fissiparité.

Nous avons dit plus haut comment M. Ehrenberg était arrivé à interpréter les fonctions des différents organes qu'il reconnaissait dans ces animaux, et comment Dujardin, Focke, etc., dénièrent l'existence d'organes mâles et femelles dans leur intérieur ainsi que l'hermaphrodisme soutenu par l'illustre professeur de Berlin. La *théorie unicellulaire* de M. de Siebold, détourna quelque temps encore les recher-

1. LEUWENHOEK. *Opera omnia, Exp. et Contempl.*, 1680-1692-1695.
2. BAKER. *Employment of microscop.*, 1752.
3. JOBLOT. *Observ. d'hist. nat.*, Paris, 1754-1755.
4. O. F. MULLER. *Animacula infusoria*, Havniæ, 1786.

ches des savants sur la véritable nature de ce qu'il appelait le *nucleus* (noyau) et le *nucleolus* (nucléole).

Toutefois un retour s'opéra et les naturalistes pris entre la théorie de la reproduction par fissiparité, insuffisante pour expliquer les faits de multiplication et celle de la *génération spontanée*, se mirent à rechercher s'il n'y aurait pas quelqu'autre mode de propagation des Infusoires. C'est ainsi que nous avons vu se faire la découverte de la reproduction par embryons internes. Nous avons dit au chapitre précédent comment MM. Claparède et Lachmann en vinrent à affirmer que le nucléus devait être regardé comme un producteur d'embryon, comme un ovaire.

En même temps on commençait à entrevoir le rôle du nucléole. J. Müller, en 1854 [1], trouvait sur le nucléus du *Paramecium Aurelia* de petits bâtonnets. En 1856, MM. Claparède et Lachmann sans avoir connaissance de la découverte de O. F. Müller signalaient dans le *Stentor* de longs filaments mobiles « qui rappelaient par leur forme certains longs vibrions, ou, si l'on aime mieux, les zoospermes filiformes de beaucoup de Mollusques. » Ils retrouvèrent ces mêmes bâtonnets sur le *Chilodon cucullus*, mais cette fois dans le nucléus lui-même. M. Lieberkühn [2] les voit non dans le nucléus cette fois, mais dans le nucléolus du *Colpoda Ren* EHRENB. Devant ces faits MM. Claparède et Lachmann écrivaient en 1858 : « Ce serait un peu prématuré que de vouloir reconnaître dans ces corps baculiformes l'équivalent des zoospermes des animaux; il suffit d'attirer l'attention sur la possibilité de trouver une analogie entre eux. »

Cette même année 1858 [3], M. Balbiani fixait définitivement le rôle du nucléus et du nucléole. Le premier est bien un ovaire et le second un testicule. Chaque être est donc hermaphrodite, mais la reproduction exige le concours

1. J. MULLER. *Monatsberichte der Berliner Acad.*, 1856, 390.
2. LIEBERKÜHN. *In* Quatrefages. Comp. rend. Acad. des sc., XLVI, 274.
3. BALBIANI. *Note sur la génération sexuelle chez les infusoires*, Jour. de Physiolog., 1858.

de deux individus qui se fécondent mutuellement. Quelques mois plus tard il prouvait que le nucléole qui avait si longtemps passé inaperçu, était aussi répandu que le nucléus lui-même. Il avait constaté à l'époque du rut des transformations fort curieuses dans ces organes : le nucléole se remplit de filaments spermatiques, tandis que, pendant ce temps, le nucléus subit un fractionnement qui précède, dans beaucoup d'espèces, la formation des œufs.

M. Stein de Prague[1] adopte en partie les idées de M. Balbiani. Il y a bien dans chaque Infusoire un testicule et un ovaire, les individus sont bien hermaphrodites, mais ils se suffisent à eux-mêmes, il n'y a pas d'accouplement. Les filaments spermatiques se trouvent dans le nucléole et dans le nucléus ; c'est-à-dire que développés dans le nucléole ils le quitteraient pour aller féconder l'ovaire. Quant au prétendu accouplement ce ne serait qu'une fissiparité longitudinale.

M. Balbiani se remit à l'œuvre et fit de nouvelles recherches qu'il consigna dans un mémoire publié en 1860. Voici en quelques mots, quelles sont ses conclusions générales : 1° Les Infusoires ciliés sont les seuls qui soient munis d'organes sexuels ; 2° le nucléus représente l'ovaire et donne les ovules ; le nucléole donne de petits corps qui sont les zoospermes ; ces zoospermes ne doivent pas être confondus avec les bâtonnets indiqués par Müller, Lieberkühn, Claparède et Lachmann ; ces bâtonnets ne sont que des Vibrions parasites ; 3° il n'y a pas d'organes de copulation ; 4° il y a néanmoins fécondation croisée entre les deux Infusoires accouplés.

Insistons maintenant sur ces faits plus en détail ; nous allons successivement étudier : 1° le mode d'accouplement ; 2° les phénomènes qui se passent dans l'œuf ; 3° ceux qui se passent dans l'ovule mâle et 4° la ponte des œufs.

A. *Accouplement.* L'accouplement que l'on a pris longtemps pour une fissiparité incomplète, consiste dans l'accolement ou conjugaison de deux Infusoires. Il ne faut pas con-

---

1. FR. STEIN. *Der Organismus der Infusionsthiere.* I. Leipzig, 1859, 186.

fondre ce phénomène avec la *Zygose* qui consiste dans la fusion de deux êtres qui d'abord isolés et distincts perdent par leur réunion cette indépendance et ne la recouvrent jamais. (Planche II, fig. 9.)

« Aux approches des époques de propagation, les Paramécies viennent de tous les points du liquide se rassembler en groupes plus ou moins nombreux et qui, vus à l'œil nu, apparaissent comme de petits nuages blanchâtres, autour des objets qui flottent à la surface de l'eau ou sur divers points de la paroi du flacon qui renferme la petite mare artificielle où l'on conserve ces animalcules à l'état de captifs. Une agitation extraordinaire et que le soin de l'alimentation ne suffit plus à expliquer, règne dans chacun de ces groupes. Un instinct supérieur semble dominer tous ces petits êtres ; ils se recherchent, se poursuivent, vont de l'un à l'autre en se palpant à l'aide de leurs cils, s'agglutinent pendant quelques instants dans l'attitude du rapprochement sexuel, puis se quittent pour se reprendre bientôt de nouveau. Lorsqu'on disperse ces petits amas en agitant le liquide, ils ne tardent pas à se reformer sur d'autres points. Ces jeux singuliers, par lesquels ces animalcules semblent se provoquer mutuellement à l'accouplement, durent souvent plusieurs jours avant que celui-ci ne devienne définitif. » (Balbiani, p. 66.)

Chez les Paramécies, au-dessus de la bouche existe, comme nous l'avons dit, l'orifice du canal sexuel. Cette ouverture est située au fond d'une dépression qu'on a nommée dépression buccale. C'est par ce point que l'accouplement a lieu ; par conséquent il met en rapport en même temps et les deux orifices génitaux et les deux bouches. Chez les Oxytriques l'orifice sexuel s'ouvre près de la bouche mais sur le côté du corps dans sa moitié antérieure. Nous n'avons pas le loisir d'insister sur les variétés que présentent ces deux modes d'organisation ; nous ne voulons que reproduire ce que le phénomène présente de plus général. L'accouplement produit peut durer suivant les cas de 24 heures à cinq ou six jours ; pendant tout ce temps les deux animaux sont maintenus accolés l'un à l'autre tantôt par une large surface comme dans le *Paramecium Aurelia*, tantôt par un point assez peu large, comme dans le *Paramecium colpoda*, à l'aide d'une sorte d'enduit transparent excrété par les deux individus.

C'est pendant cet accouplement que s'opère la fécondation. Suivant M. Balbiani, les deux infusoires échangeraient une portion de leurs germes mâles (fig. 13, pl. II). Il y aurait donc là une fécondation réciproque. MM. Claparède et Stein, tout en admettant l'accouplement, nient cet échange de zoospermes. Nous reviendrons tout à l'heure sur ce point.

Quoi qu'il en soit, l'accouplement terminé, on voit survenir dans les germes mâles et femelles des transformations qui nous restent à étudier.

B. *Phénomènes qui se passent dans l'ovaire après l'accouplement.*

Rappelons tout d'abord que l'ovaire peut se présenter ou bien sous la forme d'un globule elliptique, ou bien sous la forme d'un ruban, ou enfin sous celle d'un chapelet. La première de ces formes peut être regardée comme typique, initiale, les autres ne sont que des développements de celle-là, puisque tous les ovaires commencent par se présenter comme un globule arrondi, unique et ovalaire. — Quand l'accouplement se fait, l'ovaire se montre donc sous l'un de ces trois aspects, les phénomènes qui suivent l'accouplement varient suivant les cas.

L'ovaire étant unique, indivis, peut rester tel, comme dans le *Chilodon cucullus*. Seulement il perd sa vésicule transparente (germinative) et sa tache germinative et passe à l'état d'une masse granuleuse, homogène, compacte. — Cette disposition est rare. Il arrive plus fréquemment qu'étant indivis au moment de l'accouplement, l'ovaire se divise ensuite, passe à l'état tubuleux, cylindrique d'abord, et plus tard à l'état moniliforme. C'est ce qui arrive sur le *Spirostomon ambiguum* et l'*Amphileptus moniliger*. Le nucléus commence par s'allonger, le vitellus suit, et au centre la *vésicule germinative*. Celle-ci se fractionne bientôt autour de chaque fragment de groupe du vitellus; des masses se condensent ainsi sous forme de globule au milieu de la membrane vitelline qui s'étire entre chacun d'eux. — Cette division de l'ovaire (œuf primitif) peut être limitée; au premier degré, à la place de l'ovaire, on a deux œufs, mais elle peut aller beaucoup plus loin, et le nombre des ovules être porté à 20, 25 et 30, comme l'a vu M. Balbiani. Dans certains cas, la vésicule germinative se segmente seule, le vitellus ne présente pas de division; il remplit le tube de ses granulations au milieu desquelles nagent les divisions de la vésicule. — La séparation de chaque ovule se fait alors au moment de l'accouplement. Chez les *Euplotes*, on constate une disposition qui tient des deux précédentes; une partie seulement des ovules mûrit, les autres attendent.

Dans tous les cas, la liberté des ovules s'opère pendant l'accouplement, et c'est encore à ce moment-là que les œufs commencent à entrer en maturation. Chaque ovule est formé comme l'œuf primitif (ovaire, nucléus) d'une membrane enveloppante et d'un contenu; la membrane enveloppante est la membrane vitelline, le contenu est le vitellus muni d'une vésicule (germinative). — Ordinairement les œufs n'arrivent à maturation complète qu'après la séparation des deux Infusoires à la fin de l'accouplement.

M. Balbiani a suivi le développement des œufs du *Paramecium Aurelia.* Au moment de l'accouplement, pendant les premières heures, aucun phénomène ne survient; mais bientôt des lignes commencent à sillonner le vitellus, elles deviennent plus nombreuses, plus profondes, les lobes tendent à s'isoler; ils s'isolent en effet et se déploient en un cordon cylindrique. Ce cordon est un tube rempli de vitellus granuleux; après une courte période de repos, les mouvements se raniment, le cordon se fragmente en un grand nombre de globules arrondis granuleux. Après cette segmentation, on trouve au milieu des globules des vésicules invisibles jusquelà, ces vésicules homogènes non granuleuses sont les ovules. Après leur expulsion, le corps granuleux se reconstitue. Quant

aux ovules, d'abord réduits à la membrane vitelline et
à la tache germinative, ils sécrètent leur vitellus dans l'espace qui sépare ces deux membranes l'une de l'autre. Bientôt
l'œuf est parfait et l'on peut y distinguer, au centre du
vitellus, et la vésicule et la tache germinatives.

C. *Phénomènes qui se passent dans l'ovule mâle.*

Comme l'ovule femelle, l'ovule mâle, au moment de l'accouplement, peut être indivis ou être déjà divisé. Quand il
est resté indivis, le premier phénomène qu'on constate lors
de l'accouplement est cette multiplication qui est portée plus
ou moins loin suivant les espèces. Les phénomènes qui accompagnent cette scission ont une grande ressemblance avec
ceux que nous avons signalés dans la division de l'ovaire. Le
nucléole pâlit, s'agrandit, s'allonge, un étranglement se prononce et le globule se trouve séparé en deux ; chez quelques
Infusoires la division s'arrête là ; chez d'autres, elle continue
jusqu'à donner des grains de nucléole, disposés en chapelet
comme ceux du nucléus. On admet que tous ces globules sont
réunis entre eux par la membrane (vitelline) qui a persisté,
mais en s'étendant.

Si maintenant nous suivons le développement de ces globules spermatogènes, nous voyons les zoospermes se développer par une transformation particulière de la masse granuleuse. En général, au milieu du globule mâle, on voit la
vésicule s'agrandir, e noyau qu'elle contient se porte sur une
paroi et donne naissance à des filaments qui seraient les
zoospermes. — Dans le *Paramecium Aurelia*, on peut suivre
une des variétés de développement de la glande sexuelle
mâle. Avant l'accouplement, le nucléole est situé dans une
dépression du nucléus ; au moment de l'accouplement, le
nucléole sort de sa fossette, grossit et devient pâle ; plus
tard l'enveloppe se soulève, les granulations vont gagner
l'une des parois, et là se développent en un pinceau de filaments. Les filaments grandissent en se courbant et bientôt
s'enroulent pour ainsi dire en entraînant dans ce mouvement l'enveloppe au milieu de laquelle ils sont renfermés.

Plus tard ces faisceaux se redressent, entraînant toujours leur capsule dans ce mouvement. Alors la capsule se renfle en ampoule ovoïde, celle-ci s'allonge ; au centre est la portion agglutinée des filaments, aux extrémités les bouts dissociés ; le tube se rétrécit au centre, puis disparaît, et il reste ainsi deux ampoules remplies de zoospermes.

Il peut se faire que chaque capsule se divise encore. Vers le troisième ou le quatrième jour de l'accouplement, les spermatozoïdes sont mûrs. A ce moment, par suite d'une disposition qu'on est tenté de regarder comme analogue à celle de l'organe femelle, un globule de chacun des êtres accouplés descend vers la dépression buccale à la hauteur de la bouche et en regard, quelquefois même au contact de la capsule correspondante de l'animal adjacent. L'accouplement terminé, on trouve les capsules spermatiques affaissées, diminuées de volume. « A ce moment, les œufs n'existent encore qu'à l'état de simples ovales. Il y a donc tout lieu de croire que les zoospermes qui ont été transmis à l'animal par son congénère restent emmagasinés dans quelque organe annexe de ses voies sexuelles femelles jusqu'à ce que les œufs aient pris la maturité nécessaire pour subir efficacement l'influence de la fécondation. » (Balbiani.)

Les spermatozoïdes des Infusoires sont filiformes, terminés par des extrémités effilées, imperceptibles ; ils forment dans l'organe des faisceaux droits et n'affectent pas la forme de bâtonnets ; enfin dans l'eau ambiante ils se dissolvent et disparaissent. Ces caractères font qu'on ne confond pas ces zoospermes avec les bâtonnets de MM. Müller, Lièberkühn, Claparède et Lachmann, bâtonnets qui ne seraient que des vibrions parasites. Nous allons voir tour à tour MM. Stein, Claparède et Lachmann en rappeler du jugement porté par M. Balbiani.

D. *Ponte.*

Arrivés à maturité, les œufs sont expulsés à l'extérieur. L'animal les chasse hors de son corps et on les retrouve dans les liquides ambiants. « Après la fécondation, ils sont successivement évacués au dehors probablement par l'orifice que j'ai désigné comme étant l'ouverture génitale externe; mais quelque désireux que je fusse d'arriver à une conviction entière à cet égard, il m'a été impossible jusqu'ici de surprendre ces animaux au moment où ils émettent leurs œufs. Chez certaines espèces, telles que les Oxytrichines et les Stentors, cette émission est entièrement effectuée vers le troisième ou le quatrième jour qui suit l'accouplement. D'autres Infusoires gardent leurs œufs pendant un temps plus long; tels sont, par exemple, les Paramécies, où, plus de huit jours après la conjugaison, j'ai encore pu en observer quelques uns dans l'intérieur de l'animal.... Dans les espèces où l'ouverture génitale externe se prolonge plus ou moins manifestement en un conduit qui pénètre dans l'intérieur du corps, c'est probablement par l'intermédiaire de ce canal que les œufs atteignent l'extérieur. » (Balbiani.)

Après la ponte, il reste parfois, comme dans le *Paramecium Aurelia*, des corpuscules appartenant au nucléus; alors ils se rapprochent, se fusionnent et reconstituent de suite un nouvel ovaire. Dans d'autres cas, tout est évacué, et alors l'animal est obligé de refaire de toute pièce et son nucléus et son nucléole.

Ainsi qu'on a pu le voir, toutes les phases du phénomène de la reproduction sexuelle ont parfaitement été analysées et décrites par M. Balbiani; l'auteur, avec une patience et une persévérance que ne peuvent comprendre que ceux qui se sont occupés des Infusoires, l'auteur, disons nous, a décrit chaque phase avec des détails si précis qu'on ne peut s'empêcher de rester convaincu de la réalité de tous ces faits curieux. Aussi tout le monde a-t-il accepté les descriptions données par lui. Mais M. Stein et MM. Claparède et Lachmann ne sont plus d'accord s'il s'agit de l'interprétation. MM. Claparède et Lachmann croient bien à la copulation, puisque M. Balbiani l'a vue s'opérer, mais ils se demandent pourquoi les individus ne se féconderaient pas par leurs propres zoospermes, « si dans la copulation chaque individu fonctionnait à la fois comme mâle et femelle » ; l'accouplement devient donc superflu. Il nous semble que le même fait se rencontre dans d'autres représentants de la série animale, les Sangsues, par exemple, qui, tout en étant androgynes, ne peuvent, à cause de la disposition de leur appareil sexuel, probablement, se féconder elles-mêmes. Or, dans les Infusoires, il doit en être de même, puisque, d'un côté, nous avons un organe femelle situé au fond d'un canal assez profond, et de l'autre, un organe mâle donnant des zoospermes, que l'eau peut altérer. La copulation aurait pour but de mettre le germe mâle en contact avec le germe femelle en lui faisant éviter de passer dans un liquide qui le détruirait. Donc, pour nous, une copulation sans but ne paraît pas admissible, et dès lors qu'on admet l'une, on doit par le fait admettre l'autre.

M. Stein n'interprète pas l'acte de la reproduction comme M. Balbiani. Il y a conjugaison du nucléus et du nucléole, formation de zoo-pores, fécondation du nucléus par le nucléole, formation dans le nucléus de segments ; ce sont ces segments qui se développent plus tard en embryons vivants dans l'intérieur du corps de l'Infusoire-parent. M Stein a vu cela dans le *Paramecium Aurelia* et il prétend que c'est à tort qu'on refuse à cet animalcule la faculté de la reproduction par viviparité ; car, ces petits êtres qu'on rencontre parfois à l'intérieur de leur corps sont certainement leurs embryons et non des Acinètes parasites, comme l'ont prétendu certains savants. — D'un autre côté les bâtonnets qui avaient été vus par Müller, Claparède et Lachmann, Lieberkühn et Stein, etc., sont bien des zoospermes et M. Balbiani a tort, suivant M. Stein, de les considérer eux aussi comme des parasites. Mais alors si ces bâtonnets sont les vrais zoospermes, que sont donc les corpuscules que M. Balbiani regarde comme des zoospermes? La question est difficile à résoudre, car on ne peut les regarder tous comme des zoospermes. M. Balbiani a prouvé que leurs caractères étaient tellement différents, qu'il n'était pas possible de les confondre. Donc, pour M. Stein, ce qu'on a pris pour un phénomène d'accouplement est de la scissiparité, la fécondation réciproque n'existe pas et doit être remplacée par la fécondation de l'individu par lui-même ; il n'y a pas formation d'œufs qui sont expulsés pour éclore ensuite, mais il y a formation de germes qui se développent dans le corps du parent et s'en échappent plus tard.

Ce n'est pas à nous à prendre la parole dans tel débat pour juger la question; aussi ne le ferons-nous pas, mais néanmoins nous pouvons dire que nous avons été assez heureux pour voir et montrer des *Colpoda Cucullus* en état d'accouplement bien certain. Il est impossible, nous le pensons du moins, de confondre dans ce cas l'accouplement avec de la fissiparité longitudinale; le groupe a une certaine forme qui ne permet pas cette interprétation. Dans le liquide nageaient des globules arrondis sphériques répondant bien comme organisation à la description que M. Balbiani a donnée des œufs, mais de taille beaucoup trop considérable. Il faut dire encore que dans cette même préparation se trouvaient des Colpodes enkystés; alors, peut-être, ces globules rappelant les œufs n'étaient-ils que des germes produits par la segmentation des Colpodes enkystés.

§ V. — DU RÔLE DE L'ENKYSTEMENT DES INFUSOIRES DANS LES PHÉNOMÈNES DE REPRODUCTION.

L'enkystement des Infusoires est un fait connu depuis plus d'un siècle. Il a été en effet observé pour la première fois par O. F. Müller; mais à Luigi Guanzati revient l'honneur d'en avoir, le premier, donné une description très-exacte. Depuis il a été constaté par tous les savants qui se sont occupés des Infusoires. L'animal qui veut s'enkyster arrête ses mouvements; il sécrète autour de lui une sorte de coque fermée de toute part, dans laquelle il se trouve à l'abri de l'action de tous les agents extérieurs [1].

L'animal s'enkyste dans trois circonstances: 1° pour échapper à un desséchement complet ; c'est le cas le plus fréquent et on peut reproduire l'expérience, pour ainsi dire, à volonté. On n'a qu'à laisser dessécher une préparation dans laquelle se trouve le *Colpoda Cucullus*. Grâce à cet enkystement, l'animal résiste à la sécheresse, conservant sous son kyste, l'eau de combinaison, le milieu anatomique [2] nécessaire à sa vie. Ce kyste a joué un rôle considérable dans l'histoire de la réviviscence des Animalcules. Il serait hors de notre sujet d'insister sur ces faits. 2° L'animal s'enkyste pour se nourrir à son aise; cette cause d'enkystement a été signalée, pour la première fois, par MM. Claparède et Lachmann ; elle a en même temps mis un terme à une erreur. Sur certains *Epistylisplicatilis* où on voit l'animal se couvrir d'un kyste, celui-ci, mis dans des conditions favorables, au lieu de donner un *Epistylis*, nous produit un *Amphileptus:* de là l'idée d'une liaison intime entre ces êtres, de là l'idée de métamorphose. Mais les savants dont nous venons de citer les noms, ont vu la nature du phénomène qui se réduit à ceci : un *Amphileptus* affamé s'approche d'un *Epystilis*, ouvre une large bouche et avale l'*Epystilis* tout entier se refermant sur lui à l'endroit où le corps est porté par le pédicule. Dès lors il sécrète son kyste, à l'intérieur duquel il se livre à de violents mouvements pour arracher sa proie à son pédicule; cela fait, il reste enfermé jusqu'à ce qu'il ait absorbé l'*Epistylis*, puis il en sort, mais *Amphileptus* comme auparavant. Sur le même pied, on trouve des kystes d'*Epistylis* en apparence semblables, mais qui sont de la nature de ceux que nous avons décrits d'abord, et destinés à mettre l'animal à l'abri des agents extérieurs.

3° Les Infusoires s'enkystent pour se reproduire; ce sont

---

1. L. GUANZATI. *Osservationi e sperienze intorno ad un prodigioso animaluccio delle infusioni;* opusc. scelt. sulle sc. esulle arti, XIX, 1796, p. 3-21.
2. CL. BERNARD. *Cours. Faculté des sciences, in Rev. des cours scient.*, II, 334

ees kystes qui nous intéressent surtout. Ils ne sont connus que
depuis M. Stein. [1] Le *Colpoda Cucullus* est fort remarquable
sous ce point de vue. Un Colpode, qui veut se diviser, se met
à tourner avec rapidité; un sillon apparaît, puis, parfois un
second perpendiculaire au premier; c'est alors qu'on aperçoit le kyste. A travers la paroi on assiste à la division du
Colpode, en quatre et quelquefois en huit; autour de chacune
de ces divisions il sécrète un kyste spécial, alors le kyste
commun s'ouvre et laisse échapper les quatre ou huit kystes
spéciaux. M. Stein a vu le même enkystement se produire
chez le *Microstoma Vorticella* Dans ce cas le nucléus se partage en fragments qui deviennent de jeunes embryons. Plus
tard le kyste laisse échapper ces petits êtres, qu'il compare aux
Monas Colpoda et *M. scintillans*, par des prolongements
tubuleux qui se forment de place en place.

M. Gerbe, cité par M. Coste, a donné de l'enkystement
du *Colpoda Cucullus* une description qui n'est pas d'accord
avec celle que nous avons reproduite plus haut. Suivant lui,
en effet, deux Colpodes accouplés s'enfermeraient dans le
kyste, et alors seulement produiraient les quatre corps rappelant beaucoup, par leur organisation, les œufs que M. Balbiani a signalés dans la reproduction sexuelle. Ces œufs,
devenus libres, reproduiraient bientôt un être semblable au
parent. Les différentes phases de cette reproduction ont
été représentées [2].

Jusqu'ici M. Gerbe semble être le seul qui ait constaté
l'accouplement préalable des Colpodes. Nous l'avons dit
plus haut, page 52 : l'accouplement de ces êtres ne peut
guère être confondu avec une division par scissiparité; aussi
ne peut on guère admettre que M. Gerbe se soit mépris
dans son observation; peut-être a-t-il eu affaire à un cas
exceptionnel.

1. Fr. Stein. *Die Infusionsthierchen*, p. 21.
2. A. Frédol (Moquin-Tandon). *Monde de la mer*, 8, pl. 5 bis.

§ VI. — DES MÉTAMORPHOSES ET DE LA GÉNÉRATION ALTERNANTE
CHEZ LES INFUSOIRES.

M. Pineau est le premier qui, en 1845[1], ait eu l'idée que, dans la reproduction des Infusoires, il pût y avoir une sorte d'interruption dans les phases du développement d'un embryon. Il avait imaginé une parenté entre les Vorticelles et les Acinètes : son idée peut se traduire par ces mots : un embryon de Vorticelline, avant de devenir Vorticelline lui-même, commence par être un Acinète.

En 1849, le professeur Stein de Berlin[2] montrait que les Vorticelliens revêtent, en effet, des formes très-diverses avant de parvenir à l'état adulte. Mais, dans ce premier travail, il n'insiste pas sur la théorie que nous exposerons dans quelques instants.

Ici vient se placer, comme ordre chronologique, le travail remarquable auquel nous avons déjà fait allusion plusieurs fois. Jules Haime, en 1853, publie son mémoire sur les *Métamorphoses* et l'*Organisation de la Trichoda Lynceus*. Ce travail consciencieux, où toutes les phases du développement de cet être ont été vues et représentées, a, dans la question qui nous occupe, une importance capitale ; car nous allons voir qu'il reste seul pour affirmer la réalité des métamorphoses des Infusoires vrais.

Nous avons, quelques pages plus haut, rapporté en entier le texte dans lequel l'auteur suit pas à pas toutes les phases de la reproduction fissipare des *Oxytriques*. Or ces *Oxytricha*, produits de la fissiparité, subissent plusieurs phases de développement qui avaient échappé à l'observation de tous les naturalistes, et qui amènent peu à peu les *Oxytriques* à être des *Aspidisca* ou *Trichoda Lynceus* de Müller. Pour arriver à cet état adulte, l'animal perd ses soies latérales et ses cils buccaux,

1. PINEAU. *Ann. sc. nat.*, 3 sér., III, 186.
2. STEIN. *Wiegmann arch.*, 1849. *Ann. and Mag. of nat. hist.*, 2 sér., IX, 471. *Ann. sc. nat.*, 3 sér., XVIII, 95.

la bouche se ferme par la soudure des lèvres, les mouvements se ralentissent, les vésicules intérieures disparaissent;
on n'a plus bientôt qu'une boule immobile, nue, avec une
cavité remplie de substance granuleuse homogène, au milieu
de laquelle se montre une vacuole contractile. Au bout d'un
temps plus ou moins long, la substance granuleuse se sec-
tionne, et il se forme des vésicules irrégulières. Bientôt, à
la suite de l'émission de granules, il s'établit, sur un des
côtés, un espace vide, circulaire, par lequel apparaît la masse
intérieure, mobile, munie de cils. Autour de l'être qui s'est
formé est une coque dont il se débarrasse après bien des
efforts. A cette éclosion succède un nouveau repos, pendant
lequel le nouveau né se roule encore en boule, complète ses
différents organes, et enfin passe à l'état de *Trichoda*. (Pl. I,
fig. 11-27.) La description et les figures, qui l'accompagnent,
sont tellement claires et minutieuses, qu'il est impossible de
douter de l'exactitude de l'observation. Mais, pour que le
cycle du développement fût bien établi, il eût fallu voir ce
Trichoda donner à son tour des embryons qui fussent devenus des Oxytriques.

La question des métamorphoses des Infusoires ne prit
grande importance que l'année suivante, quand, dans un
nouvel ouvrage, M. Stein exposa sa théorie sur la reproduction des Infusoires par la *phase acinétiforme* [1]. M. Stein avait
remarqué que les *Acinétiniens* donnaient naissance à des
embryons qui ne ressemblent point à l'organisme-parent,
mais qui après quelque temps deviennent des *Vorticellines*. Il
y a donc une parenté, une affinité génétique entre les *Vorticelliniens* et les *Acinétiniens*. L'idée était séduisante; aussi
bientôt M. Stein la généralisa, et admit que les *Acinètes* ne
sont que des phases ou métamorphoses des *Vorticellina*.
Ce point de départ accepté, il chercha l'*Acinète* de chaque
Vorticellina, et découvrit ainsi plusieurs formes nouvelles.
Toute la théorie de la *Reproduction par phase Acinéti-*

1. FR. STEIN. *Die Infusionsthierchen in ihrer Entwickelungsgeschichte untersucht,*
Leipzig. 1854.

forme se résume en ces quelques faits : Les Vorticellines, à
une époque de leur existence, s'entourent d'un kyste dur,
résistant, fermé de toutes parts. Dans ce kyste elles perdent
tous leurs organes : disque, bouche, œsophage, cirres, vésicule contractile, cils, etc., etc.; tous sont comme résorbés et
se résolvent, pour ainsi dire, en une masse granuleuse, homogène. Plus tard, une nouvelle vésicule contractile se re-
forme, et un nouveau nucléus apparaît. Le kyste se hérisse
de soies, et la Vorticelline est devenue un Acinète. Une nouvelle période commence alors; l'Acinète engendre un embryon, et s'entr'ouvre pour le laisser échapper, puis se referme
et reconstruit un nouvel embryon qui est rejeté de même et
ainsi de suite. Ces embryons, pour M. Stein, vont se fixer,
se développer, allonger un pédicule, et devenir une *Vorticellina.*

Cette théorie est simple, nette, et d'autant plus séduisante,
que les exemples de métamorphoses se montrent dans tout
le Règne animal, avec des modes différents. M. Stein est arrivé ainsi à décrire un Acinétinien parasite de tous les Vorticelliniens dont les noms suivent :

1° *Vorticella microstoma* EHRENB.;
2° *Vorticella nebulifera* EHRENB.;
3° *Vaginicola crystallina* EHRENB.;
4° *Opercularia articulata* EHRENB.;
5° *Opercularia berberina* STEIN;
6° *Opercularia Lichtensteinii* STEIN;
7° *Epistylis branchiophila* PERTY;
8° *Epistylis crassicolis* STEIN;
9° *Ophrydium versatile* EHRENB.;
10° *Cothurnia maritima* EHRENB.;
11° *Spirochona gemmipara* STEIN;
12° *Zoothamnium affine* STEIN;
13° *Zoothamnium parasita* STEIN.

On comprendra que nous n'insistions pas sur les questions

de détails, et que nous ne nous arrêtions pas à décrire, d'après M. Stein, les métamorphoses de chacune de ces espèces: d'autant que l'opinion du savant professeur de Berlin va bientôt être vivement combattue.

En 1855, MM. Claparède et Lachmann, dans leur Mémoire, attaquent la théorie de M. Stein. Dans une note [1], qui est le résumé de leur Mémoire, ils s'expriment ainsi : « Une série d'observations inattendues sont venues nous démontrer, de la manière la plus formelle, que le rapport génétique, supposé entre les Acinétiens et les Vorticellines, n'existe réellement pas. Nous avons tenté, sans être animé par aucune idée préconçue, de rejeter les observations de M. Stein ; mais l'examen scrupuleux des faits nous a conduits à des conclusions directement opposées aux siennes. » Nous avons vu plus haut ce que MM. Claparède et Lachmann pensaient des embryons des Acinétiens, et nous savons qu'ils admettent, pour ces Infusoires, la formation d'embryons internes devenant *directement* des Acinètes semblables à l'Acinétinien du corps duquel ils sont sortis. Ainsi donc, pour ces naturalistes, pas de métamorphoses, *pas de phase Acinétiforme.*

M. Cienkowski, en 1854 [2], était arrivé aux mêmes conclusions sur la génération par Acinètes. Mais pendant ce temps, cette théorie trouvait des défenseurs dans MM. Carter [3] et d'Udekem.

Toutefois, sur les observations de MM. Claparède et Lachmann, M. Stein avait repris l'étude de cette question et recommencé ses expériences; dans de nouveaux mémoires il a abandonné son opinion, et reconnaît avec une franchise toute scientifique que les embryons, produits par les Acinétiniens, ne se transforment point comme il l'avait cru en

1. CLAPARÈDE et LACHMANN. *Note sur la reproduction des Infusoires,* in *Ann. sc. nat.,* 4 sér., Zool. VIII.

2. CIENKOWSKI *Bull. de la classe physico-mathématique* de l'Acad. de Saint-Pétersbourg, 1854.

3. CARTER. *Ann. and mag. of nat. hist.,* 1858.

Vorticelliniens. « Toutefois il hésite encore à regarder les Acinétiniens comme des êtres complétement indépendants du cycle d'évolution des autres Infusoires. »

M. Stein a de même admis que certains embryons de *Paramecium* ayant l'aspect d'*Acinètes* peuvent se développer en Acinétiniens. Mais M. Balbiani qui, ainsi que nous l'avons dit, a suivi toutes les phases du développement des embryons des *Paramecium*, s'est assuré qu'ils reproduisaient rapidement la forme de la mère, sans passer par l'état indiqué par M. Stein.

Depuis lors M. Stein a publié de nouvelles notes sur la reproduction des Infusoires [1], et il semble avoir abandonné complétement sa théorie des métamorphoses des Acinètes.

Ainsi donc, de tous les travaux tentés sur l'étude des métamorphoses des Infusoires vrais et ciliés, un seul fait reste, celui de J. Haime.

Si, des Infusoires vrais, nous passons aux Infusoires douteux, nous trouvons des exemples moins contestés.

« Chez les *Glœococcus*, cette dernière trouverait son remplaçant dans la génération binaire double (division en quatre), qui se présente toujours au bout d'un certain nombre de générations par division binaire simple (division en deux). Toutes les générations appartenant au cycle de division binaire simple sont, leur vie durant, munies de deux cils flagelliformes. La génération de transition, au contraire, n'en offre pas. Les dernières générations de chaque cycle quittent la famille, et chaque individu s'en va pour son propre compte, nageant librement dans les eaux, chercher une place où il passe à l'état de repos et forme ainsi la cellule de transition à un autre cycle [2]. »

Nous pourrions citer des faits analogues dans plusieurs autres Infusoires voisins du *Glœococcus*. Mais dans tous ces cas peut-on dire qu'il y ait autre chose que des métamor-

---

1. STEIN. *Der organimus der Infusionsthiere*, Leipsig, 1859.
2. CLAPARÈDE et LACHMANN. *Études sur les Infusoires et les Rhizopodes*, p. 49.

phoses? Peut-on dire qu'il y ait *Génération alternante?* On l'admettra si l'on veut prendre ce nom dans son acception la plus large ; mais si l'on veut la limiter comme l'indique M. Steenstrup [1], on ne l'admettra pas. Ce savant ne reconnaît de génération alternante que dans le cas où une ou plusieurs générations asexuelles alternent avec une ou plusieurs générations sexuelles. Or, dans tous les exemples que nous avons examinés, cette double condition ne se rencontre pas. Les découvertes récentes qu'on a faites de la présence d'organes sexuels dans certains Infusoires peuvent faire penser qu'un jour on pourra rencontrer souvent la vraie génération alternante. Jusqu'ici on n'en connaît que quelques exemples. Le plus remarquable est celui qu'on décrit chez les *Volvox* [2], « sorte de sphères creuses renfermant de l'eau dans leur cavité centrale, et dans leur couche gélatineuse les individus sociétaires qui sont munis d'un double *flagellum.* Toute la colonie nage de concert, réunie sous cette enveloppe commune. Elle a deux modes de reproduction, l'un sexuel, l'autre asexuel. Le dernier est celui qu'on observe le plus fréquemment. On voit dans ce cas un ou plusieurs individus grossir notablement et tomber dans l'intérieur de la cavité remplie d'eau. Chacun se segmente en deux ou en quatre, huit, seize, etc.. etc., jusqu'à ce que le nombre des segments égale le nombre d'individus formant une colonie. Chaque individu a donc donné naissance à une de ces colonies, qui ne tardent pas à devenir libres par la rupture de l'enveloppe commune. Les choses se passent ainsi pendant une longue suite de générations; mais vient un moment où un autre mode de propagation est mis en usage. Comme il arrive dans plusieurs autres groupes, les espèces de ces animaux peuvent être monoïques, c'est-à-dire que tous les Volvox peuvent être mâles et femelles, ou quelques-uns mâles

1. STEENSTRUP. *Uber den Generationswechsel, oder Fortpflanzung und Entwickelung durch abwechselnde Generationen.* Copenhague, 1842.
2. PAUL GERVAIS. *De la métamorphose des organes et des générations alternantes.* 1860, p. 121.

et les autres femelles. D ns ce dernier cas, un individu sé segmente en nouveaux individus dont l'apparence est *Bacili- forme*. Ces individus sont verts et munis d'un double fla- gellum. Ils se réunissent sous une apparence tabulaire, à la manière des Bicillariées, et s'entourent d'une enveloppe unique qui se déchire; les bâtonnets se séparent ensuite et nagent dans l'intérieur même du globule formant le Volvoce social. D'autres individus qui ont aussi grossi concurrem- ment, représentent le sexe femelle, et il y a bientôt fusion des uns et des autres. La masse qui en résulte s'entoure elle- même d'une membrane délicate, revêtue d'une autre plus dure et dentée sur son pourtour. En dernier lieu, leur chlo- rophylle devient pourpre. C'est l'état sexipare de ces Infu- soires et il en naîtra plus tard les *Volvoces agames*. Les phé- nomènes que nous venons de décrire se répéteront de nouveau et dans le même ordre, dans la succession des reproductions agame et sexiée de ces êtres qui sont placés aux derniers rangs de l'échelle organique. On doit ces cu- rieuses remarques à M.Cohn et à M. Carter.

M. Carter signale aussi dans le développement et dans la fécondation des Eudoxines et des Cryptoglines, des faits qui trouvent leur explication dans la théorie de la digénésie, puisqu'ils montrent que dans ces deux genres l'espèce est également dimorphe. »

§ VII. — INFLUENCE DES MILIEUX SUR LES ANIMAUX INFUSOIRES.

De l'eau, de l'oxygène et de la chaleur, telles sont les con- ditions qu'il faut à l'Infusoire pour vivre et surtout pour se reproduire; encore faut-il que chacun de ces milieux pré- sente des qualités et des proportions définies.

On a souvent répété l'expérience suivante : « Prenez trois soucoupes remplies de colle de pâte, exposez-les dans les mêmes circonstances de chaleur et de pression. Sur deux de ces préparations, versez une légère couche d'eau; laissez la troisième exposée simplement à l'air; agitez sous l'eau la colle de pâte de l'une des deux premières, » et vous verrez, dans les trois cas, se passer des phénomènes bien différents. Dans la soucoupe, où la colle de pâte est restée à l'air libre et sec, rien ne se sera produit; dans celle que vous aurez humectée sans agiter, se développeront des champignons; dans la troisième seront apparus des animalcules Infusoires. Ainsi il a suffi pour changer la production des protorganismes de changer d'une façon bien peu grave en apparence les conditions extérieures.

La vitalité et la résistance des Infusoires varient aussi d'une manière remarquable suivant la qualité du milieu où ils se trouvent plongés. M. Pasteur a vu qu'une température de + 100 degrés, tue parfaitement les Infusoires du lait acide, et de l'eau sucrée albumineuse acide, mais qu'il faut porter la température jusqu'à + 110 degrés, si le liquide est neutre ou alcalin.

Il faut bien faire attention à ces faits quand on veut expérimenter sur les conditions de reproduction des Infusoires. Il faut bien savoir que ces êtres sont peut-être les plus difficiles sur le choix du milieu qu'ils doivent habiter. Sont-ils peu favorables, ils languissent, s'enkystent et attendent des conditions meilleures. Des millions de *Colpodes* apparaissent dans nos prairies sous l'influence de l'humidité et de la chaleur; ces conditions viennent-elles à disparaître ou l'une d'elles, on les voit s'enkyster pour attendre une nouvelle phase favorable; alors ils sortent de leurs kystes, s'étalent, se reproduisent jusqu'à ce qu'une nouvelle sécheresse les force à recommencer les mêmes actes.

Les Infusoires sont loin de s'accommoder à toutes les conditions d'existence qu'on veut leur faire, et il faut savoir que le *Bacteridium* de M. Davaine qui s'installe avec tant de facilité et de complaisance, même, dans le sang du mouton, du cobaye, du cheval, du rat, du lapin, de l'homme, etc., pour y développer la maladie charbonneuse, ne veut pas se développer dans le sang des oiseaux et du chien. Pourtant le sang chez ces animaux a, en apparence du moins, la même composition que celui des premiers. Ces questions sont importantes, car elles tiendront en garde les expérimentateurs contre des conclusions trop précipitées, sur la possibilité ou l'impossibilité de la contagion des maladies par voie d'inoculation. Et d'un autre côté, s'il est vrai que le virus de la variole, de la vaccine, de la syphilis soient des *Infusoires*, on trouvera peut-être un jour l'immunité congénitale ou acquise, et on l'expliquera par les différences dans la constitution des milieux.

Beaucoup seront tentés de nier de semblables résultats, et traiteront peut-être de fables ces faits d'élection de milieux par ces êtres inférieurs. Mais il faut nous résoudre à voir ces êtres plus impressionnables que nous à certaines différences de milieux que nous ne pouvons saisir. L'exemple nous en est fourni d'une manière irréfutable par le ferment de l'*acide tartrique droit*. Ce *Vibrion* ne s'attaque qu'à cet acide; en vain lui en offrira-t-on un autre semblable comme composition, comme réaction, comme nature, n'ayant de différence que dans le pouvoir rotatoire, l'acide tartrique gauche, il ne s'y trompera pas et le respectera. Mélangez ces deux acides, combinez-les, faites de leur union, molécule à molécule, l'*acide racémique*; allez plus loin, combinez cet *acide Racémique* avec de l'*ammoniaque* et mettez le ferment en présence du composé, vous verrez l'Infusoire faire son choix, s'attaquer directement et de suite à l'acide tartrique droit, le décomposer jusqu'à la dernière molécule, et laisser intact l'acide tartrique gauche.

Nous l'avons dit, ce qu'il faut à nos Infusoires c'est de l'eau, de l'oxygène et de la chaleur. Comment ces actions peuvent-elles avoir une influence sur la vie et la reproduction de ces organismes? C'est ce que nous allons essayer de rechercher.

Eau. « Sans l'eau, qui est la base de tous les liquides organiques, les phénomènes de la nature brute disparaissent; d'où la vie aussi. Tous les éléments organiques vivent, en effet, dans des solutions organiques et ne peuvent vivre que

là.... Pour la physiologie générale tous les éléments vivants
sont aquatiques, c'est-à-dire plongés dans des liquides....
La vie n'est qu'un échange entre les liquides intérieurs et les
liquides extérieurs, et c'est cet échange qui constitue la nutrition... les liquides ambiants entourent les éléments organiques et contiennent les conditions de leur existence. C'est
là que ces éléments puisent les matériaux nécessaires à la
conservation de leurs propriétés et rejettent les substances qui,
ayant déjà servi, sont devenues impropres à entretenir leur
vie. Le liquide ambiant ne doit donc jamais être un liquide
simple ; il doit au moins contenir les substances consti-
tuantes de l'élément organique, car la vie ne crée point de
matières minérales, ni d'autre matière qui serait spéciale ;
elle ne fait que grouper les matériaux inorganiques qu'elle
trouve tout préparés. »

La complexité varie avec la complexité de l'organisation.
Les Infusoires sont simples. « Chez ces petits êtres, le milieu
ambiant est aussi simple qu'eux-mêmes ; il leur suffit pour
vivre d'être plongés dans une eau contenant quelques sels et
un peu de matière organique, c'est là ce qu'on appelle *Infusion*.... Voilà certes un liquide ambiant aussi simple que
possible et qu'il est possible de trouver partout. L'eau de
nos fleuves réalise les conditions de ce milieu organique, qui
se confond ici avec le milieu cosmique général ; cependant,
si simple qu'il soit, ce liquide ambiant n'est pas encore de
l'eau pure, et un Infusoire, qu'on placerait dans de l'eau
distillée ne contenant aucune matière organique, ne s'y déve-
lopperait pas et périrait d'inanition[1]. »

Oxygène. Nous verrons que le Sarcode, qu'il se rencontre chez l'animal ou chez la plante, fixe de l'oxygène. Il
ne peut vivre qu'à cette condition ; c'est pour cela que le
phénomène de la respiration est toujours le même dans
son essence, Le Sarcode prend de l'oxygène dans les milieux

---

1. Cl. Bernard, *Cours, Faculté des sciences, leç. d'ouverture*, 1865 ; in Rev.,
cours sc. II, 331 et suiv. (*passim*.)

ambiants, et, pour faire de la chaleur, le combine à sa propre substance; substance qu'il recompose dans son intégrité première par la nutrition. Ce mouvement continuel d'assimilation et de désassimilation est très-limité chez l'Amibe, mais il se complique à mesure que l'organisme se complique lui-même. Les actions biologiques devenant de plus en plus complexes à mesure qu'on s'élève, la vie, qui leur est résultante, devient plus variée et plus complexe elle-même. Mais le point de départ, pour tous, est l'action physico chimique de la respiration; c'est-à-dire la fixation de l'oxygène, d'une part, de l'autre la production d'acide carbonique et de chaleur, en d'autres termes une combustion.

Nous retrouvons ces phénomènes chez les Infusoires; et ces phénomènes sont pour nous du plus haut intérêt. C'est à eux que se rattache la question des *fermentations*. Les ferments sont de petits organismes inférieurs dont la plupart ont été rangés dans la classe qui nous occupe, dans le groupe des *Vibrioniens*. Ce sont de petits protorganismes aussi simples que possible; ils ont la curieuse propriété de s'installer dans tous les liquides organiques et de les décomposer. Avides d'oxygène, ils enlèvent celui qu'ils trouvent dans la matière organisée qui leur sert de proie; ils emploient de l'oxygène ainsi emprunté pour faire de la chaleur et de l'acide carbonique; quant au carbone, à l'azote et à l'hydrogène, ils se combinent entre eux et avec les milieux, mais la substance organique n'en est pas moins détruite, sinon comme matière, du moins comme composé défini. La putréfaction n'est, comme l'a démontré M. Pasteur, qu'un phénomène analogue, une fermentation de matières animales et végétales appartenant à des organismes qui ont cessé de vivre. C'est le fait normal de développement d'*Infusoires;* nos infusions n'étant pas autre chose. Mais alors, l'action des Infusoires dans les maladies serait-elle donc une fermentation? Car les Vibrioniens, devenus parasites des fluides de l'économie, doivent vivre dans ces liquides comme ils vivent ailleurs; soit en enlevant aux globules du sang une partie de l'oxygène destiné aux tissus, d'où diminution dans la calorification (Choléra); soit, comme le veulent MM. Feltz et Coze, en ajoutant leur action à celle de ces mêmes globules pour charrier l'oxygène dans tout le corps, et amener ainsi des oxydations exagérées (Variole, Fièvre typhoïde).

Les principaux ferments sont : le ferment de la putréfaction (*Bacterium termo, Vibrio lineola, V. tremulans, V. subtilis, V. rugula, V. prolifer, V. bacillus*). Les ferments lactiques (*B. termo?* ou *B. catenula?* et dans le lait altéré : *V. synxanthus, V. sincyanus*). Le ferment du levain (*Bacteridium fermenti*). Ferment de vin tourné ; ferment tartrique droit ; ferment de la pourriture (*Bacterium putredinis*). Ferment butyrique. Tous ces ferments sont appelés ferments figurés ou insolubles ; il en existe d'autres dits ferments solubles ou non figurés, ce sont : la *Diastase* (*animale et végétale*), la *Pepsine*, la *Pectose*, les *Venins*, etc. Enfin, nous ajouterons les singuliers ferments que M. Béchamp a trouvés dans les terrains calcaires et qu'il a nommés *Microzymas*[1].

Nous avons indiqué, en commençant, les ferments des maladies (p. 6).

Chaleur. — La chaleur modérée favorise le développement et la multiplication des Infusoires : l'absence relative de chaleur, le froid, agit en sens contraire. La température la plus propre à l'apparition de ces êtres, se trouve entre $+ 25^0$ et $+ 40^0$; au-dessus de ce point, la production est entravée, et elle cesse complétement vers le 0 du thermomètre. On se rappellera toutefois que certains *Protococcus* (qui sont des Infusoires pour certains auteurs, voir plus haut) se développent sur la neige. Comment la chaleur agit-elle dans ses rapports avec les Infusoires? — Parce qu'en opérant l'éloignement des molécules des corps et en permettant ainsi de plus larges contacts, elle favorise les actions chimiques. La chaleur agit donc comme agent physico-chimique.

Au-dessus de $+ 50^0$, les phénomènes sont entravés; on

---

1. Béchamp, *Compt. rend. Acad. des sc.*, LXVIII, 451. 1866.

approche en effet du point de coagulation des matières al-
buminoïdes, mais cet effet de la chaleur se fait sentir surtout dans les milieux liquides. Cependant, il faut dire que
certains Infusoires ont une vitalité beaucoup plus tenace que
certains autres. Le *Bacterium putredinis* meurt à une température de $+ 52^0$; celui du vin tourné est tué entre $+ 60^0$ et $+$
70^0. La Bactéridie charbonneuse desséchée résiste à $+ 100^0$.
Nous avons dit (page 62) qu'il y en avait qui résistaient jusqu'à $+ 110^0$ dans des circonstances déterminées. Certains
Infusoires, comme nous l'avons vu, pour conserver leur vie,
s'enferment dans un kyste, qui résiste à de hautes tempéra-
tures ; c'est avec ces animaux qu'on a fait les expériences
dites de réviviscence.

Nous pouvons juger, par ce court exposé, des conditions
multiples qu'éxigent, pour se propager, tous les représentants du groupe des Infusoires; si elles ne sont pas remplies,
pas de production, disparition même, dans certains cas.
Nous ne pouvons faire mieux que de rappeler ici ces lignes
écrites par M. Davaine : « J'ai mis ce fait en évidence par
des expériences très-simples : il suffit de changer l'une des
conditions de milieu pour voir périr aussitôt, ou en très-
peu de temps, les Vibrioniens qui s'y trouvent. Un abaisse-
ment dans la température d'un liquide organique, la substitution d'une eau pure a une eau corrompue, d'eau de mer à
de l'eau douce, et réciproquement, font disparaître les Infusoires filiformes qui s'étaient développés dans ces divers
liquides [1]. »
N'est-il pas permis, devant ces faits, de se demander ce
que pouvaient prouver, pour ou contre la reproduction des
Infusoires, ces expériences dans lesquelles on avait dénaturé
les liquides, dénaturé l'air et torturé la matière organique?
N'est-il pas permis, devant ces faits, de s'étonner de la facilité avec laquelle on admet la transmission des germes d'In-

---

1. DAVAINE. *Dict. encyclop. des sc. méd.*, art. Bactérie.

fusoires par le milieu atmosphérique, et ne comprend-on pas
plutôt que plusieurs observateurs déclarent ne pas croire à
ce mode de propagation des maladies.

« L'agent infectieux est-il enfin un corps solide, on pour-
rait supposer alors qu'il voltige et se rassemble dans l'atmosphère sous forme d'amas de nuages, mais cette hypothèse ne
saurait être admise malgré les observations d'Ehrenberg sur
la propagation des Infusoires par l'air ; comment se pourrait-
il que de tels nuages soient transportés sur l'océan ? Les vents
ne les détruiraient-ils pas ? et comment se ferait-il qu'un tel
courant miasmatique n'agirait finalement que sur quelques
maisons ou quelques rues ? L'hypothèse aussi d'un mouvement actif du choléra sous forme d'un organisme vivant, bien
qu'elle ait de nombreux adhérents, est la plus invraisemblable
de toutes. Eh quoi ! ces Infusoires, originaires des Indes,
susceptibles de se reproduire et de vivre dans l'extrême Nord,
voltigeant sur l'océan contre le cours des vents alizés, ils
franchiraient le Caucase et les Alpes, toujours invisibles, ils
occuperaient d'une manière merveilleuse les voies de com-
munication, ils resteraient pour étendre leurs ravages là ou
arriveraient des malades atteints de diarrhée cholérique ; ils
suivraient les voyageurs, le transport des prisonniers des
contrées où règne le choléra dans leurs étapes consécutives ?
Ce sont là des vues chimériques. Il faut de plus remarquer
que les Infusoires de l'eau à boire, des aliments, etc., etc., pa-
raissent mourir aussitôt dans les organes digestifs[1]. »

Voici encore, à ce sujet, des observations précieuses, qui
nous sont fournies par M. le docteur Chalvet, au sujet de la
présence des Infusoires dans la fièvre typhoïde, le choléra
et la rage. « Dans tous les cas, en effet, le sang sorti des
vaisseaux se peuple rapidement d'Infusoires. Le temps de
le porter au laboratoire suffit, pendant les grandes chaleurs,
pour que cette invasion ait lieu. Mais, si l'on examine le sang

---

1. GRIESINGER. *Traité des maladies infectieuses*, traduction Lemaitre, 420. (Du
rôle de l'atmosphère dans le choléra.)

au lit des malades, on ne trouve jamais de Bactéridies. J'ai vérifié le fait avec soin pour la fièvre typhoïde, le choléra et la rage. A l'amphithéâtre, au contraire, j'ai toujours trouvé le sang du cadavre envahi par les Infusoires. »

Ce qui l'a porté à dire ailleurs : « Rien ne prouve absolument que ce travail de décomposition et d'oxydation, car c'est tout un, qui s'opère dans la matière organique, n'est pas une sorte de digestion *sine visceribus*, une élaboration produite par des forces extra-vitales, une préparation transitoire destinée à changer le mode d'organisation de cette matière organique qui ne reste dans le domaine de la mort que le temps nécessaire pour se préparer à pénétrer de nouveau dans un organisme animé[1]. »

C'est cette matière organique non figurée qu'il nous faut étudier, afin de voir si ce ne serait pas à elle qu'il faudrait attribuer l'apparition des éléments figurés qui nous intéressent.

De tout ce qui précède il est donc reconnu :

1° Que les Infusoires se reproduisent par *scissiparité* ou *fissiparité* tantôt transversale, tantôt longitudinale ;

2° Que les Infusoires se reproduisent par *gemmiparité ;*

3° Que les Infusoires se reproduisent par *embryons internes ;*

4° Que les Infusoires se reproduisent par *rapprochement des sexes ;*

5° Que parfois certains d'entre eux *s'enkystent* au moment de la *reproduction ;*

6° Qu'on ne connaît pas jusqu'ici d'exemple de *générations alternantes* et que les *métamorphoses* sont *rares.*

7° Que ce que l'on sait de l'exigence des Infusoires sous le rapport de la question des *conditions extérieures* rend impossible l'opinion de ceux qui les font voyager dans les airs.

---

1. P. CHALVET. *Des générations spontanées.* Revue française, IX, 103.

MM. Claparède et Lachmann [1] sont amenés à regarder comme analogues les deux premiers modes de reproduction. « Nous avons du reste constaté l'impossibilité d'établir des *limites tranchées* entre une *fissiparité* et une *gemmiparité*. Ce n'est en somme qu'une différence du plus au moins ; ce sont deux variétés de la division spontanée. » M. Balbiani à la suite de ses travaux sur les phénomènes qui accompagnent la *fissiparité* est amené de son côté à regarder la production d'*embryons internes* comme une *gemmiparité*. « Mais le nom donné à ces produits (*embryons internes*) semble préjuger une *origine sexuelle*, tandis que, d'après mes observations personnelles, ils naissent par un simple *bourgeonnement intérieur* dans lequel les *sexes n'interviennent nullement*. Ces germes rappellent plutôt les *spores mobiles* des Algues ou zoospores, dont ils se rapprochent en outre par leur forme et la nature de leurs mouvements [2]. »

En résumé tout se réduit donc comme nature intime du phénomène, à bien peu de chose, à une multiplication intra-cellulaire d'une part, à une division par cloisonnement de l'autre. C'est une loi générale, on la retrouve dans les plantes, comme dans les animaux. Seulement ce qui permet ici de rapprocher l'un de l'autre ces deux modes de multiplication, c'est que tous deux sont suivis de séparation des organes formés.

Les phénomènes qui suivent la fécondation et amènent la production de jeunes êtres se rapprochent, comme essence, de la fissiparité et sont fort analogues à ceux que l'on constate dans l'ovule des animaux supérieurs ; ainsi, comme l'a très-bien montré M. le professeur Robin, il se fait, dans

---

1. CLAPARÈDE et LACHMANN. *Ann. sc. nat:*, 4ᵉ sér. Zool. III, 234.
2. BALBIANI. *Recherches sur les phénomènes sexuels chez les Infusoires*, 90. (note).

les ovules des animaux supérieurs, la plupart du temps, une *segmentation*, qui rappelle la fissiparité, et en même temps une production de *gemmes* ou *bourgeons* qui sont les globules polaires, production qui chez certains insectes (Tipulaires-culiciformes, amène seule la division du vitellus[1].

En considérant d'un côté le vague, l'indécision même, qui existe dans la Science, sur les moyens de reproduction des Infusoires, ainsi que la difficulté qu'on éprouve quand on veut se rendre compte des phénomènes, de l'autre, la multiplication vraiment effrayante qui se fait à chaque instant : on reste convaincu que des organismes doivent se produire d'une autre manière.

1. CH. ROBIN, *Mém. sur la production du blastoderme chez les Articulés;* Journ. de la phys. de l'homme et des animaux, 1862, 366.

HYPOTHÈSES.

Le *Germe* tel qu'on le conçoit de nos jours est un *élément anatomique figuré*, c'est-à-dire ayant une forme, une figure définie. Le plus réduit est une cellule ayant paroi plus ou moins nette et nucléus. Mais ne peut-on pas supposer le point de départ du nouvel être plus simple encore? Et nous le demandons, ne doit-il pas en être ainsi, ou plutôt peut-il en être autrement pour ces singuliers organismes qui ne présentent jamais la phase cellulaire. Est-il possible, par exemple, d'exiger que l'amibe et les rhizopodes se reproduisent par des germes figurés, eux qui jamais, à aucune époque de leur vie, ne présentent cette complication? Nous ne le pensons pas.

Nous croyons que le germe véritable est plutôt le blastême, l'élément non figuré, le sarcode. Or en admettant cette supposition il est possible de comprendre la genèse de ces êtres quelque extraordinaire qu'elle puisse sembler. On comprendra comment les *Bacterium*, les *Monas*, les *Microzymas*, peuvent apparaître dans nos infusions sans y être précédés par une spore ou un ovule; on comprendra comment M. Onimus[1] a pu voir que ces Amibes[2] qu'on nomme

---

1. ONIMUS. *Exp. sur la genèse des Leucocytes et sur la génération spontanée;* in *Journ. anat. et phys.* de Ch. Robin, 1867 et 1868.
2. CL. BERNARD. *Cours,* Faculté des Sciences, *Rev. des cours scientifiques,* III, 15.

Leucocytes peuvent se produire spontanément dans certaines circonstances de milieux.

M. le professeur Robin n'a-t-il pas démontré que l'élément anatomique peut apparaître spontanément dans l'ovule. « Enfin, le fait de la genèse de ce noyau vitellin avec ou sans nucléole est capital. Il prouve en effet d'une manière péremptoire la génération spontanée, molécule à molécule, d'un noyau homogène, d'une partie nettement définie et isolable au sein d'une masse granuleuse sans qu'il dérive d'aucun élément ni d'aucune proportion d'élément anatomique figuré quelconque. Il rend compte de la possibilité d'un fait analogue que l'on observe réellement, bien qu'avec un peu plus de difficulté, dans d'autres conditions ; ce fait est la genèse molécule à molécule de noyaux, soit chez l'embryon, soit chez l'adulte, à l'état normal ou dans des tumeurs, au sein de substances amorphes plus ou moins granuleuses, qui se segmentent aussi, plus tard, en autant de cellules ou à peu près qu'il y a de noyaux, par la production de sillons de division qui passent entre ceux-ci et se rencontrent sous des angles plus ou moins nets [1]. »

Insistant sur ce phénomène, M. le Dr Clémenceau[2] écrivait : « Nous ne pouvons plus refuser d'admettre l'hétérogénie des êtres de par les seules forces naturelles immanentes à la matière. En d'autres termes, nous pouvons affirmer que les êtres sont nés par hétérogénie, car il est impossible qu'ils soient nés autrement. »

De son côté M. Trécul[3] va plus loin encore ; en effet, il affirme la genèse spontanée des *Amylobacter* : « Il n'est pas indispensable, comme le croit M. Nylander, de connaître toute l'histoire biologique d'un corps vivant pour admettre qu'il a été formé par hétérogenèse. Il suffit pour cela de le voir naître, et de s'assurer qu'il n'est point un simple élément anatomique, en un mot, qu'il est doué d'une existence pro-

1. Ch. Robin. *Note sur la production du noyau vitellin*, in *Jour. phys.*, 1862, p. 323.
2. Clémenceau. Rev. Encycl., mai 1866, n° 1, p. 68.
3. Trécul. *Comm. à l'Acad. des Sc. : Rev. des Cours scient.* I, 1863-64, p. 720.

pre. Or, les *Amylobacter* étant quelquefois dotés d'un mouvement de translation, et montrant assez fréquemment un mode de multiplication, doivent être considérés comme des êtres particuliers. D'un autre côté, comme ils sont formés par la modification d'une partie de la substance des plantes employées, souvent contenues à l'intérieur même des cellules dans lesquelles ils se développent, je conclus qu'il y a là une démonstration de l'hétérogénie qui, je crois, peut être définie ainsi : *une opération naturelle par laquelle la vie, sur le point d'abandonner un corps organisé, concentre son action sur quelques-unes des particules de ce corps et en forme des êtres tout différents de celui dont la substance a été empruntée.*

Serait-il donc prouvé que l'on doive admettre la genèse spontanée en adoptant la définition de M. Musset : « la production d'un être organisé nouveau, dénué de parents et dont les éléments primordiaux sont tirés de la matière ambiante organique [1]. »

Ainsi en acceptant cette hypothèse, qui est en rapport avec les données scientifiques, on explique tous les faits de genèse et de production d'Infusoires, et cela, ainsi que nous le disions, est capital pour nous au point de vue médical.

Mais pour comprendre ce mode de reproduction par multiplication d'un *élément anatomique non figuré*, par l'action des milieux, il faut : 1° connaître et voir comment il est vraiment préexistant dans nos infusions; 2° voir ses rapports avec les milieux.

§ I. — Du Sarcode.

Buffon a dit en exposant sa théorie des molécules organiques, que les corps vivants étaient un composé d'atomes réu-

1. C. Musset, *Hétérogénie ou génération spontanée*. Thèse Doct. ès sciences, 1862, p. 32.

nis comme dans un moule, agissant chacun séparément, mais, à mesure que la complexité augmente, mettant ce travail en commun pour faire la vie de l'être.

M. Claude Bernard[1] a sur la composition des êtres vivants des idées analogues : « Les éléments anatomiques sont de véritables organismes élémentaires et ce sont ces organismes élémentaires qui, par leur réunion et leurs groupements, sont ensuite appelés à constituer un organisme total, d'autant plus élevé dans l'organisation que la variété physiologique de ses éléments se montre plus grande. Nous pouvons donc considérer que notre corps est composé par des millions de milliards de petits êtres ou individus vivants et d'espèce différente. Il en est qui sont libres comme les globules du sang ; mais la plupart sont unis ou soudés. Ils s'unissent et restent distincts comme des hommes qui se donneraient la main ; chaque espèce d'élément représente ainsi une véritable espèce d'individus, qui dépend d'un tout auquel il est associé, mais qui a toujours son indépendance et sa vie propres, qui a sa manière particulière de se mouvoir et d'être excité, qui a ses poisons spéciaux et sa manière spéciale de mourir.

« Notre corps entier, ou notre organisme, n'est qu'un agrégat d'éléments organiques, ou mieux d'organismes élémentaires innombrables, véritables Infusoires qui vivent, meurent et se renouvellent chacun à sa manière. Cette comparaison exprime exactement ma pensée, car cette multitude inouïe d'organismes élémentaires associés, qui composent notre organisme total, existent, comme des Infusoires, dans un milieu liquide qui doit être doué de chaleur et contenir de l'eau, de l'air et des matières nutritives. Les Infusoires libres et disséminés à la surface de la terre trouvent ces conditions dans les eaux où ils vivent. Les Infusoires organiques de notre corps, plus délicats, groupés en tissus et en organes, trouvent ces conditions, entourées de protecteurs spéciaux,

1. CL. BERNARD. *Revue des Deux-Mondes*, 1er sept. 1864, LIII, 174, 34e année, 2e période.

dans notre fluide sanguin, qui est leur véritable liquide
nourricier. C'est dans ce liquide, qui ne les imbibe pas, mais
qui les baigne, que s'accomplissent tous les échanges maté-
riels solides, liquides ou gazeux, que leur vie exige ; ils y
prennent leurs aliments, et ils rejettent leurs excréments
absolument comme les animaux aquatiques. D'ailleurs, la
vie ne s'accomplit jamais que dans un milieu liquide. Ce
n'est que par des artifices de construction que les organismes de l'homme, ainsi que ceux d'autres animaux, peuvent vivre dans l'air ; mais tous les éléments actifs de leurs
fonctions vivent sans exception, à la façon des Infusoires,
dans un milieu liquide intérieur. C'est pourquoi j'ai donné
le nom de *milieu intérieur organique* au sang et à tous les
liquides blastématiques qui en dérivent [1]. »

Mais ce que M. Claude Bernard admet pour l'animal, il
faut l'admettre pour la plante ; un arbre peut être regardé
comme une vaste réunion de masses sarcodiques, ayant sécrété autour d'elles des éléments cellulosiques et vivant dans
chacune de ces cavités closes, comme autant d'Amibes ou de
Paramécies et ayant chacune une vie propre. L'arbre est une
colonie d'Amibiens fixant du ligneux, comme le Polype fixe
des matières calcaires, mobiles comme les Amibes, respirant
comme les Amibes, se reproduisant comme les Amibes. Les
fonctions ne sont que des moyens surajoutés fort compliqués dans les organismes complexes, simples dans les
végétaux élémentaires. La circulation apporte les liquides,
« les éléments organiques végétaux sont ainsi plongés dans
la séve et nos éléments histologiques animaux dans le sang [2]. »
La respiration y apporte l'oxygène. Même plan partout,
mêmes lois partout !

Le Sarcode est donc l'élément anatomique général qui sert
de base à toute organisation. M. Huxley a donc raison de le
nommer *base physique de la vie*, MATIÈRE DE VIE [3].

1. CL. BERNARD, *Rev. des Deux-Mondes*, sept. 1864, LIII, 177, 34e ann., 2e pér.
2. CL. BERNARD, *Leç. d'ouv.*, Fac. des Sc., 1865 ; in *Rev. Cours sc.* II, 333.
3. HUXLEY, *Conf. sc d'Édimbourg*; in *Rev. Cours sc.*, VI, 514, 1869.

C'est à F. Dujardin que revient l'honneur de l'avoir décrit le premier. Il l'a rencontré non pas seulement chez les Infusoires, mais chez les animaux inférieurs. « Cette substance se montre parfaitement homogène, élastique et contractile, diaphane, réfractant la lumière un peu plus que l'eau, mais beaucoup moins que l'huile, de même que la substance gélatineuse ou albumineuse sécrétée par les vésicules séminales de plusieurs mammifères, et que celle qui accompagne les globules huileux des œufs d'oiseaux, de poissons, de mollusques et d'articulés. On n'y distingue absolument aucune trace d'organisation, ni fibres, ni membranes, ni apparence de cellulosité non plus que dans la substance charnue de plusieurs Zoophytes ou Vers, et dans celle qui chez les jeunes larves d'Insectes est destinée à former plus tard les ovaires et autres organes intérieurs [1]. »

C'est cette substance qui existe seule dans les Amibes, qui se complique davantage dans les Paraméciens, les Stentors, etc. C'est elle qui dans le vitellus devient le point de départ de la gemmation et de sa segmentation : point de départ partout de l'être organisé. C'est elle qui chez les *Bacteridium*, les *Spirillum*, les *Bacterium*, remplit la cavité qui occupe leur centre. C'est elle qu'on retrouve chez les *Euglena*, les *Protococcus*.... C'est du moins ce que pensent tous les savants qui rangent ces organismes parmi les animaux ; mais il n'en est plus de même de ceux qui les considèrent comme des végétaux. Et, tant est pernicieux l'arbitraire des classifications que, suivant que ces êtres ont été rejetés d'un casier dans l'autre, on les a observés sous des aspects différents. En faites-vous des animaux, et voilà qu'ils se dirigent *autonomiquement*. En faites-vous des végétaux, comme on ne peut nier leurs mouvements, on les déclare *automatiques* et on leur refuse la masse sarcodique. Voilà où l'on en a été amené pour conserver quand même la classification arbitraire qui jusque dans ses détails usurpe le nom de classifi-

---

1. Dujardin. *Hist. nat. des Zoophytes*, p. 37, 1841.

cation naturelle. On a même poussé l'égarement plus loin encore : on a été obligé, pour expliquer des faits en apparence inexplicables, d'admettre que certains organismes commençaient par être autonomiques, doués de volonté, c'est-à-dire animaux, et que plus tard ils devenaient automatiques, dénués de volonté, c'est-à-dire végétaux[1]. Mais à quoi reconnaître que tel mouvement est volontaire ou bien qu'il est involontaire ?

Quoi qu'il en soit, ces végétaux n'en possèdent pas moins toujours leur substance intérieure, mais comme cette substance n'appartient plus à un animal on lui a enlevé le nom de sarcode ; ce n'est plus une masse vivante, on l'appellera *Protoplasma*. C'est M. Hugo v. Mohl qui lui a donné ce nom et c'est lui qui l'a montrée dans tous les organes végétaux. Mais qu'est ce donc que ce protoplasma ? C'est comme tout à l'heure une substance azotée, quaternaire, c'est une substance active (je dirai vivante dans un instant), c'est une substance qui s'agite, tourbillonne, se précipite, elle est en tous points analogue au Monadiens et aux Amibiens ; traitée par les acides, elle se conduit de même, elle est molle, diffluente et la description que nous donnions tout à l'heure du Sarcode s'y applique entièrement. Eh bien non, quoiqu'elle en ait tous les caractères, ce n'est pas un Sarcode, c'est du Protoplasma, ses mouvements sont des mouvements Browniens, automatiques ; son action, sa vie, ce n'est pas de la vie (quoique l'être végétal soit regardé comme un être vivant), c'est de l'absorption, moins que cela, c'est de l'endosmose, mais elle a les mêmes réactions ? elle a tort ! Mais qu'un savant en fasse un Infusoire et nous y retrouverons le Sarcode ?... Peut-être !...

Mais non, ces idées d'hier ne seront plus celles de demain ! Le Sarcode et le Protoplasma deviendront deux termes synonymes, la logique le veut, la logique s'impose. Déjà Kützing, en 1844, déclare ne connaître aucune différence ab-

2. Ch. Musset. *Rech. anat. et phys. sur les Oscillaires*, 1862.

solue entre l'animal et la plante[1]. En 1855 MM. Claparède
et Lachmann[2] nous disent : « Mais la contractilité est-elle
bien un caractère essentiel du Règne animal et, inversement,
l'absence de contractilité, un caractère du Règne végétal ?
Le Protoplasma des plantes, la substance azotée des cellules
des plantes, le vaisseau primordial de M. Hugo v. Mohl, en un
mot, paraît, lui aussi, susceptible de contractilité. » Et le seul
caractère distinctif des deux Règnes est la présence chez les
animaux d'une vésicule contractile, caractère qui est tombé
devant la découverte que M. de Bary[3] a faite de cette vésicule dans les zoogonidies des Myxomycètes.

Küntze, en 1864, a défendu valeureusement la vitalité et
la contractilité du Protoplasma[4].

Enfin M. Julius Sachs[5] dans sa Physiologie végétale vient
de trancher la question en faveur de ceux qui veulent admettre dans le protoplasma autre chose que des mouvements
browniens : « Tous les caractères des mouvements du protoplasma montrent clairement qu'ils ne sont pas dus seulement
à des forces transmises, mais qu'ils proviennent aussi d'im-
pulsions invisibles, nées de forces inhérentes au corps même
du protoplasma; il y a toujours une grande disproportionnalité
entre la force d'impulsion visible et l'effet produit; souvent
même il n'y a pas d'impulsion extérieure et les courants commencent et s'arrêtent sans cause visible; je dis visible, parce
que si elles échappent à l'observation, leurs effets les trahis-
sent. On peut appliquer au protoplasma ce que C. Ludwig
dit de l'irritabilité des nerfs : « L'excitation à laquelle on les
« soumet, n'agit pas sur une matière inerte; mais se ren-
« contre avec un certain nombre de forces dont la plupart

---

1. Kutzing. *Ueber die Verwandlung der Infusorien in niedere Algens formen.*
Nordhausen, 1844.
2. Claparède et Lachmann. *Études sur les Infusoires et les Rhizopodes,*
1860-61.
3. De Bary. *Die Mycetozoen,* Zeitschrift, *für, wiss. Zool.* X, 1859.
4. Küntze. *Sur la contractilité du Protoplasma.* Leipzig, 1864.
5. Julius Sachs. Physiol. végét., *Recherches sur les conditions d'existence des
plantes et sur le jeu de leurs organes.* Trad. M. Micheli, 1868.

« étaient à l'état de repos. Les effets les plus divers peuvent
« être ainsi produits. » C'est exactement ce qui se passe
dans le protoplasma[1].

M. Vulpian[2] traitant des mouvements dans les plantes,
s'exprime ainsi : « Pour ma part sans approfondir la question,
je crois qu'il faut y voir quelque chose d'analogue à ce qui
se passe dans les muscles des animaux supérieurs. On trouve,
en effet, aux points d'attache des folioles (il parle de la sen-
sitive) et dans les renflements qui se trouvent à la base des
pétioles, des cellules contenant une gelée finement granuleuse, qui a de l'analogie avec la substance des fibres muscu-
laires des animaux supérieurs. Ces cellules se raccourcissent,
se contractent sous l'influence des excitations, ainsi qu'on
peut s'en assurer en faisant l'expérience pendant qu'on examine le tissu à l'aide du microscope. »

Le protoplasma ne doit plus être regardé comme un
tissu spécial, c'est du Sarcode. C'est par des complications
successives qu'il forme tous les corps et passe ainsi des êtres
les plus simples à la cellule d'abord et de là aux êtres les
plus complexes.

Que ces masses sarcodiques restent isolées et l'on a les
Monadiens, les Amibes, les Rhizopodes, les Microzymas.
Qu'ils s'unissent, qu'ils se groupent et l'on a des Vibrions et
des Bactéries. Dujardin avait vu ces réunions. « Les divers
Infusoires appartenant au type des Monades, c'est-à-dire,
ayant le corps nu de forme variable, sans bouche, sans tégument et sans cils vibratiles, sont susceptibles de s'agglutiner
temporairement entre eux, soit à la plaque de verre du porte-
objet. » (*Loc. cit.*, p 29.) — Ce fait d'accolement et de soudure
des molécules sarcodiques, nié par plusieurs auteurs, est
aujourd'hui complétement prouvé. M. Béchamp (de Montpellier) a fait sur ce sujet plusieurs communications à l'Académie des Sciences, et dans une lettre qu'il m'a fait l'honneur

1. C. Ludwig. *Lehrb. der Physiol. des Menschen.* 1858, p. 146.
2. Vulpian. Cours du Muséum : *du Sarcode*, in *Rev. Cours scient.* I, 490.

de m'écrire, il s'exprime ainsi : « Mais ce que j'affirme c'est que les organismes très-petits que j'ai nommés *Microzymas*, et que l'on connaissait sous le nom de granulations moléculaires, sont capables de *se développer en Bactéries* ou en *Vibrions*, qu'ils proviennent d'un tissu végétal ou d'un tissu animal, pourvu que l'on réunisse de bonnes conditions. Dans ma pensée actuelle, lorsqu'une Bactérie apparaît dans un milieu non organisé, c'est qu'un Microzyma y a été apporté du dehors. J'ai démontré en effet la vitalité indépendante des granulations moléculaires de toute origine; de celle des poussières des rues, comme de celles des calcaires tertiaires et même des calcaires plus anciens. Je les ai caractérisés comme Microzymas en démontrant la possibilité de leur évolution en Bactéries et en Vibrions. — Je vous fais part d'une observation encore inédite : les Bactéries peuvent se résoudre en Microzymas, pour de nouveau évoluer en Bactéries. »

Si le Sarcode se complique encore on passe aux Paramécies, aux Plœscomies, aux Vorticelles, puis aux Spongiaires et de là aux Radiaires; de même peut-on passer aux Annelés ainsi que nous l'avons vu, ou aux Mollusques; de même aux Algues, aux Lichens, aux Champignons, etc., etc., par autant de séries diverses, ayant leur raison d'être dans des combinaisons variées des éléments primordiaux qui composent la matière quaternaire. Beaucoup de ces organismes sont éphémères; sans cesse produits, ils disparaissent sans cesse, rejetés pour ainsi dire, au creuset, parce qu'ils ne trouvent pas dans le milieu où ils sont apparus, les conditions physicochimiques de leur vie et de leur développement. Ce sont ces êtres qui, ne pouvant trouver à s'imposer au milieu des autres organismes, restent dans cet état d'ébauche incessant, essai constant et constamment infructueux, et constituent cette agglomération de protorganismes qu'on nomme Infusoires et qui ne parviennent jamais à être ni animaux, ni plantes.

D'autres composés quaternaires, au contraire, ayant trouvé

6

les circonstances extérieures favorables à leur développement, se sont perpétués et sont devenus les genres et les espèces végétales et animales qui couvrent notre globe. Des Sarcodes se sont ajoutés aux Sarcodes, les éléments anatomiques non figurés sont devenus des éléments figurés, puis des *êtres* parfaitement déterminés ; ceux-ci se sont perpétués dans le temps et dans l'espace, s'ajoutant les uns aux autres, pour faire des corps de dimensions, de formes et de fonctions variables. Mais ces organismes sont toujours forcés à reproduire, dans leurs phases embyogéniques, tous les efforts qui ont été faits pour les amener à l'état qui sert de type. Partis du Sarcode ils deviennent cellules, puis se compliquent suivant le but auquel ils tendent. Arrêtés dans cette évolution, ils donnent ce qu'on nomme les monstruosités.

Nous nous expliquons maintenant comment Buffon pouvait, pressentant, en quelque sorte, les découvertes modernes, tracer sa théorie des molécules organiques. Nous pouvons comprendre, maintenant, comment il a osé écrire : « La matière des êtres vivants conserve après la mort un reste de vitalité. La vie réside essentiellement dans les dernières molécules des corps. » Et il ajoute, qu'après la mort les unes passent dans d'autres corps pour leur servir de nourriture, les autres « toujours actives, travaillent à remuer la matière putréfiée » et en forment d'autres êtres.

Cette même idée a été reprise par Jœger, et tout dernièrement elle a été soutenue avec infiniment de talent par M. Hartig[1] :« Partout où la substance des parois cellulaires ou des grains d'amidon se résout en ses derniers éléments moléculaires, il naît de ces derniers des champignons de fermentation (Gährungs-pilze) ou des Infusoires inférieurs qui correspondent à ceux-ci. »

Ainsi donc, puisque d'un côté l'on admet que les organismes végétaux et animaux ne sont que des composés d'Infu-

---

1. HARTIG. *Ueber Pilzbildung im keimfreien Raume*, in Bot. Zeitung, 1868, no 52.

soires qui, après la mort de l'être qu'ils servaient à constituer, peuvent reprendre leur vie et leur liberté première dans le liquide de nos infusions, on doit admettre, de l'autre, que dans ce fait il n'y a pas eu genèse spontanée du Sarcode; il n'y a eu que de simples modalités d'évolution. — En d'autres termes il n'y a pas eu Hétérogénie, mais bien Homogénie. C'est le cas de dire avec M. L. de Martin : « Le phénomène de procréation de ces composés, personne n'a songé à le dire, n'est certainement pas du ressort de la Génération spontanée, quoique l'être formé soit dénué de parents, parce qu'il s'est passé au sein d'un organisme vivant, et que l'individu créé procède de ce dernier en tant qu'il lui doit la vie. Que le produit vivant formé soit normal, comme les zoospores, les globules du sang, la fibre musculaire, la cellule nerveuse, organes élémentaires ayant, nous le répétons à dessein, chacun une vie propre au milieu de la vie générale de l'être; ou qu'il soit anormal comme la cellule cancéreuse ou le globule du pus, les bactéries du Sang de rate et de la pustule maligne : peu importe. La question est jugée ; le point capital était de pouvoir transmettre la vie; or le système vivant jouit au plus haut degré de cette faculté suprême[1]. »

La matière *organique préexistante* démontrée, dans quelles conditions pourra-t-elle vivre et se développer ?

§ II. Influence des milieux sur le Sarcode.

La question de la Genèse n'a pas encore, nous le pensons du moins, été envisagée comme nous le faisons ici; aussi nous ne pouvons faire qu'emprunter çà et là à des travaux entrepris à un point de vue autre que celui où nous nous plaçons. Cependant on peut en tirer encore de nombreux enseignements.

Le Sarcode pour évoluer et se développer a, comme on le

1. L. de Martin. *Lettre au Dr Guinier.* Montpellier, 1865, p. 23.

conçoit, besoin des mêmes conditions que les éléments figurés, puisque ces éléments figurés ne sont que des phases plus compliqués de développement de ce sarcode lui-même. Ainsi donc, il faut de l'eau, de l'air et de la chaleur. L'eau apporte des matériaux d'assimilation, l'air des matériaux de combustion ou de désassimilation. La chaleur favorise les deux phénomènes.

Plaçons maintenant une infusion dans ces conditions et voyons ce qui doit arriver ; en un mot assistons à l'évolution des masses sarcodiques. D'abord fort petites, elles nagent dans le liquide, puis se réunissent à la surface pour former une pellicule. Ces corpuscules sarcodiques s'accolent, se réunissent, nous leur connaissons cette propriété qui n'est autre que celle décrite par Dujardin, que M. de Bary a retrouvée dans le *Plasmodium* des *Myxomycètes* et M. Béchamp (v. p. 80) dans les infusions à *Microzymas*. Les choses peuvent s'arrêter à ce point, mais, si les conditions sont favorables, les phénomènes changent. Les premiers organismes formés ainsi par simple accolement se résolvent à leur tour en granulations fines et une nouvelle membrane apparaît. Les corpuscules se réunissent par groupes, se concentrent en certains points, forment des amas compacts limités par une zone plus claire; une cellule s'est formée. C'est ce que MM. Pouchet, Joly, Mantegazza, Pennetier[1] appellent l'*ovule spontané*. En effet, cet ovulé va devenir le point de départ d'un organisme, d'une série d'organismes, peut-être, si les conditions favorables si rencontrent. Mais cet ovule sera-t il plante ou animal ? nul ne peut le dire; il sera ce' que le feront les conditions de milieu dans lesquelles il va se trouver. C'est ce qui explique comment dans l'expérience rapportée page 64, on pouvait avoir soit des animaux, soit des plantes.

Ce qui nous porte à croire que les mêmes granulations sarcodiques, placées dans les mêmes conditions de milieu, doivent toujours reproduire les mêmes organismes.

1. G. PENNETIER. *Origine de la vie*, 1868.

La résistance des corpuscules élémentaires est plus grande que celle des éléments figurés. Cela se conçoit ; plus un organisme est complexe plus ses conditions d'existence sont variées et par cela même difficiles à réunir ; plus, par contre, il est simple, moins il est altérable dans sa constitution et ses fonctions. C'est ce qui explique comment les molécules organiques résistent plus longtemps que les corps qu'ils contribuent à former. On a dit qu'elles ne pouvaient supporter une température de plus de $+ 70^{\circ}$. Mais, cependant, il faut ajouter qu'on cite des cas où leur vitalité a persisté malgré des élévations de température beaucoup plus grandes. Cette résistance doit être énorme si l'on songe que les Microzymas de la craie et des calcaires plus anciens peuvent vivre et s'organiser en Vibrions et Bactéries dès qu'on les place dans l'eau. Ces faits ont même porté certains zoologistes à nier leur nature organisée, et on les a rapprochés de la matière minérale. Peut-être, au reste, n'y a-t-il pas de distance aussi grande qu'on le suppose encore entre le Règne organique et le Règne inorganique.

Mais ce que les expériences de M. Chalvet sur l'air des hôpitaux, et celles de M. Lemaire auxquelles nous faisions allusion plus haut, mettent hors de doute, c'est que ces corpuscules se trouvent dans l'air en grande abondance. M. Chauveau a montré, de même, que la partie active du virus pour vaccin, n'est autre que les granules qui nagent dans le liquide. Leur action sur ces milieux pouvant y déterminer des fermentations chimiques, physiologiques et pathologiques, et donner par leur organisation naissance a des éléments figurés (ferments animaux ou végétaux) augmentent l'action commencée par le fait même du développement des microzoaires ou microphytes.

Nous l'avons déjà avancé ailleurs[1], l'action des milieux est la plus importante. C'est elle qui détermine, pour ainsi dire, tous les phénomènes. La matière lui est soumise : les condi-

1. L. Marchand. *Des Méthodes et des classifications en botanique*, 1865-1867, p. 81.

tions ambiantes sont les causes, les modalités de la matière, c'est-à-dire les formes qu'elle peut prendre ne sont que des effets. L'influence capitale de l'action des milieux a été démontrée d'une manière péremptoire dans ces derniers temps. M. de Seynes a vu qu'en semant des spores de *Torula cerevisiæ*, on pouvait récolter suivant l'état du liquide fermentescible soit du *Torula cerevisiæ* semblable au parent, soit du *Mycoderma vini*[1]. MM. Trécul, Pouchet[2], Joly[3] disent de même avoir pu en semant les mêmes spores et en faisant varier le milieu, obtenir soit des *Aspergillus glaucus*, soit des *Penicillium glaucum*.

Nous avons admis jusqu'à présent une *matière organique préexistante* devenant point de départ d'organisme sous l'action fécondante des milieux ambiants. Arrivé ici, nous pouvons nous demander si cette *matière organique* avait besoin de préexister dans nos infusions pour amener l'apparition des êtres; nous pouvons nous demander en d'autres termes, si cette matière organique, ce *Sarcode*, ce corpuscule avait besoin d'exister pour amener les formations ultérieures. Cette question, le Sarcode peut-il apparaître de toutes pièces dans un liquide comme un cristal dans une solution, est la plus grave de toutes. M. Dumas écrivait en 1835[4] : « Dans mon opinion il n'existe pas de matières organiques, c'est-à-dire que je vois seulement, dans les êtres organisés, des appareils d'un effet lent, agissant sur des matières naissantes et produisant ainsi des actions inorganiques très-diverses, avec un petit nombre d'éléments. »

En 1848, Gmelin[5] intitule un des chapitres de sa chimie

---

1. DE SEYNES. *Compt. rend. Acad. Sc.* 1868. *Bull. soc. bot.* XV, 181.
2. TRÉCUL. *Compt. rend. Acad. Sc.* 1868, juillet.
3. POUCHET. *Compt. rend. Acad. Sc.* 1868, août.
4. DUMAS. *Dict. class. hist. nat.* Génération.
5. GMELIN. *Handbuch der organichen chemie*, 1848.

« de la formation des combinaisons organiques par des éléments minéraux. »

M. Phipson affirme que « toute la matière organique existant en ce moment sur notre globe a été dérivée de la matière minérale, et que longtemps avant l'apparition d'êtres organisés, des composés organiques ont pu se former[1]. »

Quelle est en effet la composition chimique de ce sarcode? une combinaison des éléments C. H. O. Az. C'est une substance azotée quaternaire. Cette combinaison ne varie pas dans son essence ; elle varie seulement dans les rapports des quatre éléments. Ce sont ces différences qui entraînent les variations de formes. On conçoit que celles-ci doivent être innombrables, si l'on songe, d'un côté, à la variété des combinaisons chimiques qu'on peut obtenir, et, d'un autre, si l'on se rappelle que l'azote a pour caractère essentiel l'*indifférence*, ce qui le rend plus propre que tous les autres à des modifications variées.

Que faudrait-il pour que cette hypothèse pût être défendue ? 1° qu'on puisse faire de la matière organique, 2° qu'on puisse lui donner de *l'activité*.

La synthèse chimique a dans ces derniers temps prouvé qu'on pouvait faire de la matière organique de toutes pièces. M. Vœhlera produit de l'urée, MM. Berthelot[2] de la glycose, de l'acide oxalique, de l'acide formique, de l'alcool, des éthers, des corps gras, etc., M. Smée[3] de la fibrine, de la chondrine et en 1867 M. Wurtz a présenté à l'Académie des Sciences de la névrine[4]. La matière peut donc, en dehors de l'organisme passer de l'état inorganique à l'état particulier que M. Baudrimont appelle *pseudo-organisé*, et M. Frémy *hémi-organisé;* mais ces substances ne vivent pas ? C'est

---

1. T. L. Phipson. *Prototista,* ou *la Science da la création au point de vue de la Chimie et de la Physiologie.* Journ. pharmacol., décembre 61.
2. Berthelot, *Chimie organique fondée sur la synthèse.* Paris, 1860.
3. Smée. *Proceding of the Roy. Soc.,* 1864, n° 65.
4. Wurtz. *Compt. rend. Acad. des sciences,* année 1867, 2ᵉ semestre, p. 1015. Synthèse de la névrine.

qu'il leur manque les milieux ambiants. M. Gavarret[1] n'a-t-il pas démontré dans ses cours de physique biologique que l'*activité* propre de l'élément histologique était l'équivalent de l'action physico-chimique qui se passe dans les molécules ?

Or, s'il se forme de la matière quaternaire à la surface du globe, elle vivra ; car les conditions de milieu qui amèneront la réunion des éléments formateurs développeront par cela même ces actes physico-biologiques qui constitueront son *activité*.

« Car les molécules qui formeront la matière dite : *de nouvelle création*, sont les mêmes que celles qui forment la matière organique provenant du germe ; et les conditions qui détermineront la vie dans le premier cas semblent être les mêmes que celles qui l'entretiennent dans le second. La *Génération dite spontanée* ne paraît être qu'une MODALITÉ de la Genèse[2]. »

Si l'on prouvait qu'il en est ainsi pour nos Infusoires, la question de la Reproduction de ces êtres deviendrait celle de leur Genèse.

1. GAVARRET. *Cours de Physique biologique*, séance du 8 mars 1869.
2. L. MARCHAND, *des Méthodes et des classifications en botanique*, 1875-67, p. 105.

CONCLUSIONS.

Si par germes on entend dire œufs ou *éléments figurés ?*

1° Les Hétérogénistes ont raison de déclarer qu'on ne peut, en aucune façon, par leur présence dans l'air, expliquer l'apparition des Infusoires soit dans les liquides de macération, soit dans les eaux plus ou moins stagnantes, soit dans nos liquides intérieurs. En effet, il n'y a pas dans l'air de germes d'Infusoires ; bien plus, normalement, il ne peut pas y en avoir. Voilà pourquoi MM. Pouchet, Joly, Musset, n'en peuvent découvrir en France ; Mantegazza, à Pavie ; Ezio Castaldi, à Milan ; Schaffausen, à Bonn ; Gilbert, W. Child et R. Owen, à Londres ; Jeffries Wymann, aux États-Unis ; voilà pourquoi les Buffon, Needham, Tiedmann, Treviranus, Burdach, Carus, Oken, Valentin, J. Müller, Lamark, Turpin, Desmazières, Bory de Saint-Vincent, Dugès, Dujardin, Dumas, etc., se sont rangés dans le camp des défenseurs de la génération spontanée.

2° Les Panspermistes n'ont plus, pour essayer de lutter, qu'à invoquer les rares germes qui parcourent l'atmosphère en temps ordinaire. On y a constaté la présence d'œufs développés d'animaux supérieurs et même d'embryons et d'animaux tout formés (pluie extraordinaire d'animaux), et à ce compte on peut pardonner à Van Helmont sa fameuse

expérience « des souris. » Il peut exister, et il existe réellement des germes dans l'atmosphère, voilà pourquoi depuis
Spallanzani jusqu'à M. Pasteur[1], la théorie de la Panspermie
peut être défendue avec quelques chances de victoire.

Ces deux conclusions nous ramènent à la phrase si sensée
d'Harvéy qu'on s'obstine à dénaturer pour les besoins de la
cause. « Les animaux et les végétaux naissent tous soit spontanément, soit d'autres êtres organisés, soit en eux, soit de
parties d'entre eux, soit par la putréfaction de leurs éléments.... Il est général qu'ils tirent leur origine d'un prin-
cipe vivant, de telle sorte que tout ce qui a vie ait un élément générateur d'où il tire son origine ou qui l'engendre[2]. »

Mais si, par germe, on entend simplement matière organisée, élément non figuré, *Sarcode*, les choses vont changer.
La Panspermie reprend toute sa force et peut se soutenir,
car cette matière organisée on la trouve partout où apparaissent des Infusoires, des Microscopiques. Néanmoins, elle
aura encore à lutter, car à la nouvelle Panspermie s'op-
posera une nouvelle Hétérogénie.

Mais en attendant la démonstration expérimentale de ces
phénomènes contestés, on doit, ce nous semble, regarder :

1° Comme prouvée :

Une reproduction qui se fait par les trois modes connus : fissiparité, gemmiparité, génération sexuelle. Cette reproduction qui devrait, vu la multiplication excessive des
Infusoires dans nos infusions, être facile à constater, ne l'est
pas et n'explique pas tous les phénomènes connus ;

2° comme probable :

Une reproduction par masses sarcodiques préexistant
dans le corps d'êtres organisés, mis en liberté après la mort
de ces organismes. Mode d'apparition des êtres qui semble
rendre compte du plus grand nombre de faits, puisqu'il

---

1. PASTEUR. *Mémoire sur les corpuscules organisés qui existent dans l'atmosphère,*
in *Ann. chim. et phys.*, 3° série, 1862.
2. HARVÉY. *Exercit. de gen. animalium.*

n'est pas d'infusion ni végétale, ni animale où cette condition de présence de masses sarcodiques ne se rencontre nécessairement.

D'où il ressort comme question de pratique médicale :

A. Que, si les maladies épidémiques sont dues au développement de microzoaires, il est fort probable que la transmission ne se fait que rarement par germes transportés. La maladie s'établit plutôt par l'action des circonstances extérieures sur les éléments anatomiques de nos tissus, action qui les transforme en éléments nouveaux sans analogues dans l'économie. Donc fort peu de possibilité de contagion médiate. D'où le précepte thérapeutique de modifier les milieux plutôt que de chercher à détruire les germes hypothétiques.|

B. Que si les maladies virulentes sont dues au développement d'Infusoires, elles doivent se perpétuer d'espèce à espèce, mais seulement par contact ou inoculation. D'où des préceptes pratiques sur lesquels il est inutile d'insister.

EXPLICATION DES GRAVURES

PLANCHE I.

Fɪɢ. 1 à 10 empruntées à M. Balbiani : *Journàl de la Physiologie de l'homme et des animaux*. III, pl. IV (*passim*). Fissiparité du *Stylonychia mytilus*.

Fɪɢ. 1. Première période : le corps ne présente encore aucune entaille, mais toutes les soies médianes des deux individus futurs se montrent déjà sous forme de deux bouquets, *x, y; s*, les cirres en forme de stylets de l'extrémité postérieure; *v*, vésicule contractile; *o*, les deux ovaires (*nuclei*) réunis par leur membrane d'enveloppe, accompagnés chacun de deux petits testicules arrondis *t* (*nucleoli*).

Fɪɢ. 2. Commencement de la division du corps. Il se fait parmi les éléments qui composent chaque bouquet de cils nouveaux, un départ qui permet de reconnaître déjà la destination future d'un grand nombre d'entre eux. *o*, masse commune résultant de la fusion des deux ovaires; on voit groupés alentour les quatre testicules.

Fɪɢ. 3 Les ovaires, après s'être séparés, se divisent en deux moitiés *o', o'*; on voit s'allonger sur les côtés les quatre testicules dédoublés *t', t', t', t'*.

Fɪɢ. 4. La division complète est sur le point de s'effectuer. Les organes génitaux ont repris dans chaque animal leur type normal *o', o'*, ovaires; *t', t'*, huit testicules, quatre pour chaque nouvel individu.

Fɪɢ. 5. La région qui porte les stylets anciens est refoulée; par la descente graduelle des stylets nouveaux, *s'*; au delà de l'extrémité postérieure du corps, entraînant avec elle les grosses soies auxquelles elle donne insertion, ainsi que quelques soies plus fines de la rangée latérale gauche.

Fɪɢ. 6 et 7. Elles montrent les progrès de cette substitution et la dispari-

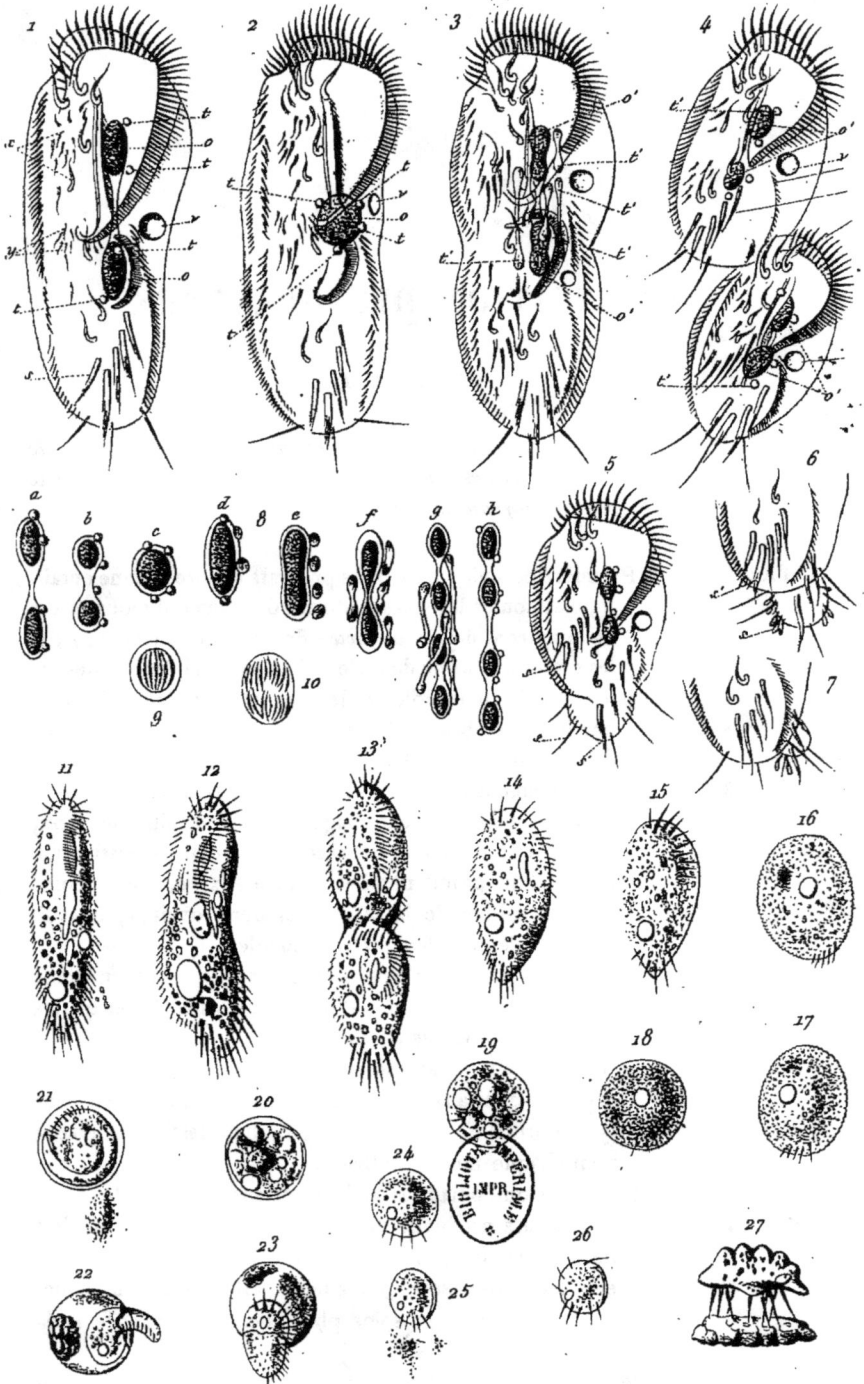

1 à 10. Stylonychia Mytilus. — 11 à 27. Trichoda Lynceus.

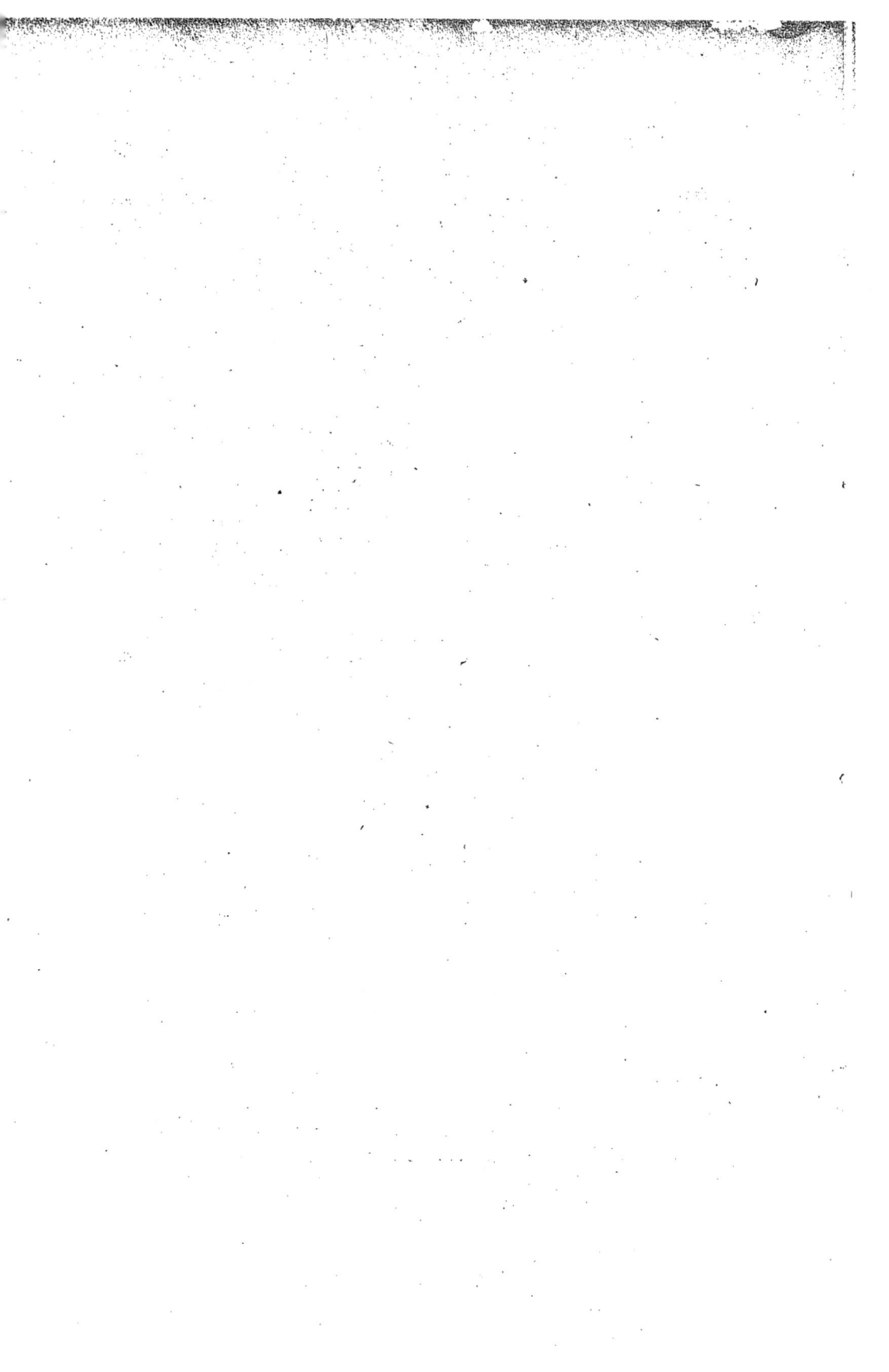

tion graduelle dans le parenchyme du corps, des dernières soies de l'animal primitif.

FIG. 8. Phases successives de l'évolution des organes génitaux de l'espèce précédente pendant la division spontanée. Dans les petites figures *g* et *h*, les deux gros grains supérieurs (*ovaires*), avec les granules qui les accompagnent (*testicules*), appartiennent à l'animal antérieur, et les grains inférieurs avec leurs corpuscules correspondants, à l'animal postérieur.

FIG. 9. L'un des testicules, au moment où il commence à s'accroître avant de s'allonger et de se diviser, comprimé et vu à un grossissement de 500 diamètres. L'aspect strié qu'il présente à ce moment résulte de la juxtaposition d'un certain nombre de petites baguettes en forme de croissant très-allongé.

FIG. 10. Le même, à une époque un peu plus avancée et sur le moment de se dédoubler ; déjà une zone vide existe entre les baguettes qui d'abord s'étendaient sans interruption d'un pôle à l'autre.

FIG. 11 à 27. Fissiparité et métamorphoses des *Trichoda Lynceus* empruntées à M. J. Haime, Annales des Sciences naturelles, tome XIX.

FIG. 11. Larve (oxytrique) vue en-dessous ; elle laisse échapper par l'orifice anal des globules en partie digérés.

FIG. 12. Un individu très-grand, sur le point de se fissiparer ; il a avalé un monadien.

FIG. 13. Individu dont la division est déjà assez avancée.

FIG. 14. Larve résultant de la fissiparité.

FIG. 15. La même commençant à ne se mouvoir que très-lentement.

FIG. 16. La même ayant perdu une partie de ses poils et se mettant en boule.

FIG. 17. La même dans un état plus avancé.

FIG. 18. La même étant devenue tout à fait sphérique et complétement immobile.

FIG. 19. Aspect de cette boule quinze jours plus tard.

FIG. 20. La même quelques jours après.

FIG. 21. La séparation commence à se faire entre la substance vivante et la matière dite exuviale destinée à être rejetée ; l'animal a pris une forme arrêtée, il commence à sortir de sa coque.

Fɪɢ. 22.   L'animal contenu dans sa coque, ayant déjà pris une forme
           arrêtée, commence à sortir.
Fɪɢ. 23.   État plus avancé.
Fɪɢ. 24.   Boule qu'il forme de nouveau et qui reste en repos pen-
           dant vingt-quatre heures environ.
Fɪɢ. 25.   Sa forme après une nouvelle excrétion de matières exu-
           viales.
Fɪɢ. 26.   Le même individu se complétant rapidement.
Fɪɢ. 27.   Le même individu parfait marchant avec ses soies, vu par
           derrière.

PLANCHE II.

Fig. 1 à 11. Reproductions par embryons internes du *Podophrya quadri-
           partita* empruntées au mémoire de MM. Claparède et
           Lachmann.

Fig. 1.   Forme habituelle, le sommet seulement du long pédicule
           est indiqué, *v*, vésicule contractile; *n*, noyau.
Fig. 2.   Autre individu renfermant un embryon en rotation.
Fig. 3.   Le même au moment de l'émission de l'embryon.
Fig. 4.   L'embryon en liberté nageant dans les eaux.
Fig. 5.   L'embryon se fixant sur un pédoncule d'*Epistylis plicatilis*
           et développant ses suçoirs.
Fig. 6.   Le même au bout de quelques heures ayant sécrété un pé-
           doncule.
Fig. 7.   Un autre *Podophrya quadripartita* muni de deux vésicules
           contractiles. Individu renfermant un embryon de taille
           colossale. En *a*, on voit l'ouverture par où l'embryon
           doit sortir.
Fig. 8.   Même individu se contractant énergiquement pour ex-
           pulser l'embryon.
Fig. 9.   Conjugaison, zygose, de deux *Podophrya quadripartita*.
Fig. 10.   Un autre *Podophrya quadripartita* renfermant un grand
           nombre d'embryons en voie de formation, ou déjà tout
           formés dans son nucléus.
Fig. 11.   Un autre *Podophrya quadripartita* renfermant un grand
           nombre d'embryons en voie de formation ou déjà tout
           formés dans plusieurs corps globuleux provenant de la
           division spontanée du nucléus.

Pl. II.

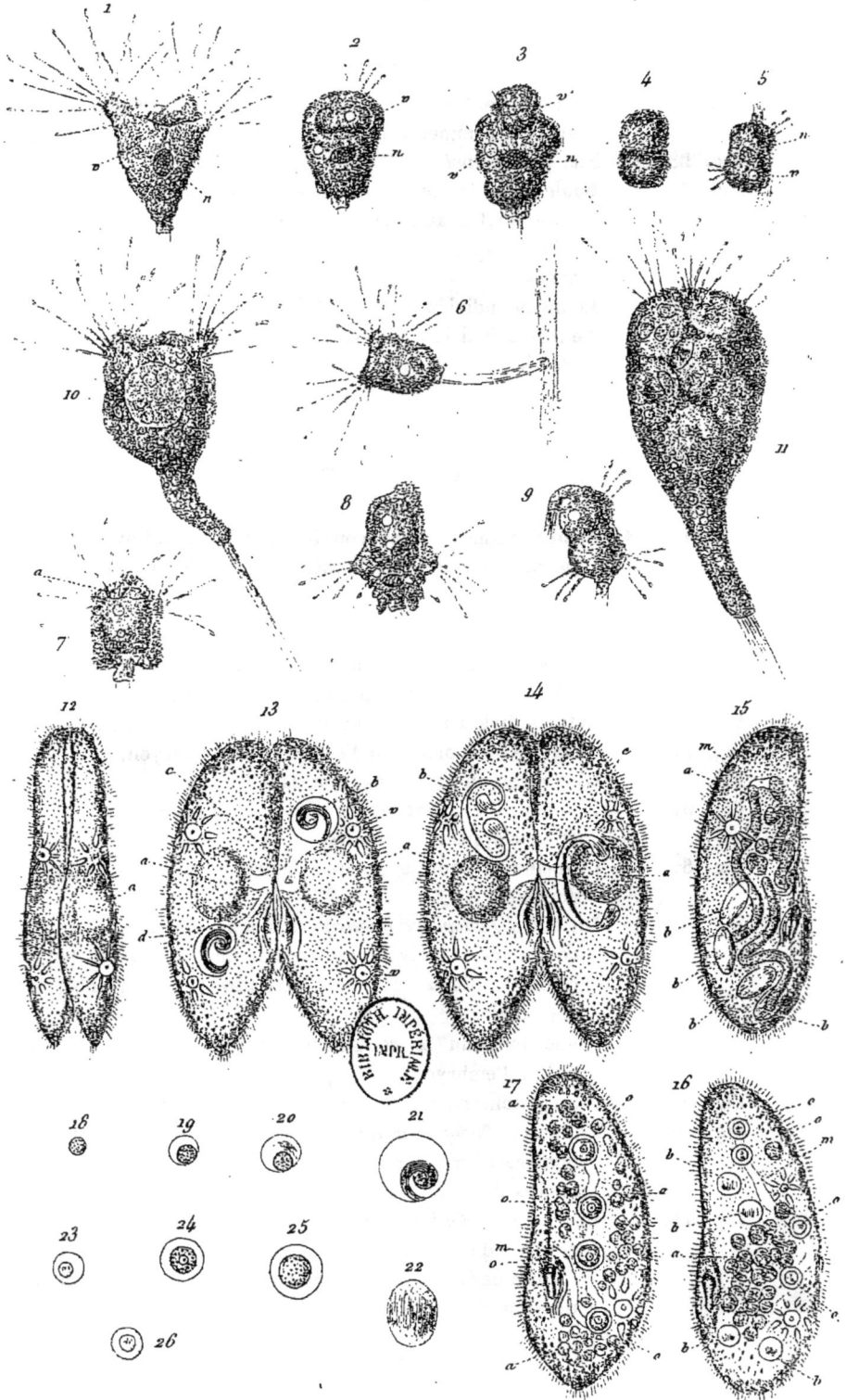

Pierre sc.

1 à 11 Podophrya quadripartita

Fig. 12 à 26. Reproduction sexuelle du *Paramecium Aurelia*. Planche empruntée au mémoire de M. Balbiani.

Fig. 12.   Paramécies accouplées représentées dans leur état naturel.

Fig. 13 et 14. Montrant deux couples dont les organes génitaux sont à différents degrés de développement; les animaux sont légèrement aplatis au moyen de la compression, afin de les rendre plus transparents et traités par l'acide acétique pour faire ressortir les organes; *a*, ovaire dont l'aspect est lisse; *c*, conduit excréteur de l'ovaire; *b*, capsule séminale à différents degrés de développements; *v*, vésicule contractile; le *d*, canal déférent.

Fig. 15.   L'un des deux individus d'un couple renfermant quatre capsules spermatiques mûres *b,b,b,b*, allongées et prêtes à se divi-er chacune en deux autres; *a*, ovaire complétement déroulé et dont le contenu commence à se fractionner; *m*, paroi du tube ovarique visible dans l'intervalle des fragments.

Fig. 16.   *Paramecium* examiné dix heures après l'accouplement : *a, a*, fragments granuleux stériles de l'ovaire; *b,b,b,b*, capsules spermatiques en voie de résorption; *o,o,o,o*, ovules fertiles renfermés dans un tube commun *m*.

Fig. 17.   Autre *Paramecium* observé trois jours après l'accouplement : *o,o,o,o*, ovules transformés en œufs complets; *a,a*, fragments granuleux stériles épars dans tous les points du corps; *m*, sillon buccal à l'endroit où vient s'ouvrir le tube contenant les ovules fertiles. Il n'existe plus de vestiges des capsules spermatiques.

Fig. 18 à 22. Développement progressif de l'œuf mâle : le reste de ce développement peut se suivre dans les figures précédentes.

Fig. 23 à 26. Développement progressif de l'œuf femelle.

Imprimerie générale de Ch. Lahure, rue de Fleurus, 9, à Paris.